下町文化としてのソースを巡る、味と思考の旅。

大阪＋神戸&京都 ソースダイバー

堀埜浩二

曽束政昭

はじめに

突然ですが、「ソースの主原料は何か？」と訊ねられて、あなたはどう答えますか？

「そりゃお酢でしょ、普通に考えて」

「いや～、むしろ野菜かな。トマトとかタマネギとか」

「カラメルはマル必なんじゃないの？ あの色的にさぁ」

「スパイス類もいろいろ入ってるし、一概に何かとは言えないような気が…」

はい。皆さんそれぞれに概ね正解なのですが、例えば醤油だと「大豆」、マヨネーズだと「卵」、ケチャップだと「トマト」とか、他の調味料はけっこうハッキリと主原料を答えられますよね。ところがソースの場合は何が主原料なのかが、イマイチよくわからない。我が国の多くのソースメーカーが加盟している「一般社団法人 日本ソース工業会」のウェブサイトを見ても、ソースの原料は「野菜・果実」「砂糖」「食塩」「香辛料」「食酢」とあり、やはり何がメインなのかは明確ではない。ちなみにウスターソースの起源は、英国のウスターシャー州ウスターのある主婦が、余った野菜や果実の切れ端を有効利用すべく、腐らないようにと塩や酢や香辛料を加えて壺に入れていたものが熟成されてソースになった、との説が有力らしいです。とまあルーツを探れば、野菜や果実が主原料だと、一応は言い切れる。でもどこか釈然としないのは、あの色と味が「なんだかいろんなものが入っていて複雑な感じ」なので、ストレートには野菜や果実と結びつきにくいし、そもそも一括りに「野菜や果実」って、あまりにも雑駁（ざっぱく）ではないですか。ここでこだわるタイプの方だと「ウスターのある主婦」ってのがどうも眉唾で、それが確かな事実ならちゃんと名前が残っているはずだろう。それに彼女が有効利用しようとした野菜と果実は、タマネギなのかトマトなのかニンジンなのかニンニクなのかリンゴなのかプルーンなのかレモンなのか。そこんとこ、エヴィデンスを示してハッキリとさせてくれない限り、俺は認めるわけにはいかんぜよ、ソースって奴をよ」などと気色ばむのでしょうが、そういう人とは友達になりたくないです、私は。まあいずれにせよ他の調味料に比べて、「色も味も、なんだか謎が多いもの」ですよね、ソースって。

そして、最初に「ソース」と聞いて皆さんが思い浮かべたものはウスターソースなのでしょうが、実際にはソースというのは「かけたりつけたりする調味料の総称」なわけだから、醤油もマヨネーズもソースの仲間。デミグラスソースやベシャメルソースも一般的に知られているし、近頃ではいろんな種類のパスタソースなんて便利なものもあるし。なのに「ソース」と聞いたら反射的にウスターソースを思い浮かべるほどに、ソースって言えば「ウスターソース」なんですよね〜、我々にとっては。

ここで「我々」と軽く言いましたが、筆者は1960年に大阪の西成で生まれ、高度経済成長期にセンシティヴな少年時代を過ごし、プロレスと1970年の大阪万博で「世界」というものに触れ、同じ頃ロックにも目覚めて小学6年生でお小遣いを貯めてシカゴ（ロックバンドです）のコンサートを観に行ったという、由緒正しき「下町のエリート」です。そんな私の幼少期の食卓には、味の素やアジシオやキッコーマン醤油とともに当たり前のようにソースがあり（それは瓶入りのイカリソースをソース差しに移し替えたものでした）、けっこう何にでもソースをかけて食べていました。コロッケやカツはもちろん天ぷらまで、揚げ物類はみーんなソース。タマネギやサツマイモや紅ショウガの天ぷらに、ソースがよく合うんだよなぁ。無論、目玉焼にもソースをドバドバと。冷奴や刺身のツマの大根も、たまにソースで食べたし。なにしろ「ドバッとかければ、たちまちに贅沢でおいしいものになってしまう」という魔法の調味料、それがソースであることに対して、何の疑いもなかった時代に育ってきました。

それから幾星霜。いま我が家の食卓には、ソース差しは存在しません。かけたりつけたりするのは醤油かポン酢かマヨネーズで、自宅ではあまりソースの味が欲しくならない。もちろん外で串カツやお好み焼を食べるときは当然ソースなので、決して嫌いになったわけではないのだが、家ではどうもソースの味がうるさく感じられてしまうのですね。もしもソースに人格があれば、「あの頃はあんなに愛してくれたのに、もう家には来るな、なんて。いったいアタシのどこがいけなかったの？もう飽きちゃったってことなの?」などと、昼下がりの喫茶店でさめざめと涙を流されそうなところだが、調味料にはそういうのがないから実に助かるわけであってね（何言ってんだか）。

本書のお題を頂戴した時から、自分なりに「ソースというもの」についていろいろと考えてみました。家ではもちろん、ガキの頃から串カツやお好み焼で随分とソースに親しんできたのですが、こういう機会でもないとソースについて考えることなどなかったと思います。そして「考えてもみなかったことを考えてみる」というのはたいへんに愉しい作業で、それは端的に「自分が何者であるか」を探ることに相違ないからです。で、ある日ふと思いついたのが、ソースが最も輝いていたのは「昭和のあの頃の下町」であり、我々のような下町の人間にとってソースは、ある種の「ノスタルジックな風景」と共にあるのではないか、ということです。いろんな意味で「共和的な貧しさ」にあった往時、ソースの放つ輝きは、現在のそれとは随分と異なるものではなかったか。

一方で私はノスタルジー的なものにはあまり興味がない人間で、日常会話でも「懐かしい」という言葉をほとんど使わない（たぶん）。なのでソースについても、自分の中ではこのままノスタルジックな風景の中に置き去りにされていくのかもしれない……。そのように考えるにつけ、今一度「下町とソースの蜜月」を、ノスタルジーではなくダイナミックかつ血の通った文脈で捉え直すことには相応の意義があるのではないか、と思ったのでありました。

エニウェイ。お気づきの方はお気づきであり、お気づきでない方はお気づきでないでしょうが、本書のタイトルは中沢新一氏の著書『大阪アースダイバー』（講談社、２０１２年）へのオマージュです。「アースダイバー」とは、「水に覆われていた原初の地球で、水底に潜って大地の元になる泥土を持ってきた鳥がいた」というアメリカ先住民の潜水鳥神話に基づくものですが、同シリーズで氏は太古の昔からの長期的な人類と地形の相互干渉の過程について、極めてスリリングな論考を繰り広げてくれました。そのオマージュに恥じないように、「昭和のあの頃」から今に至るソースと下町の相互干渉の過程について、じっくりと考察していきたい。また大阪だけではなく、京都や神戸を含む「関西のソース事情」を取り扱うことで、それぞれの下町の相貌というものをより正確に記述できれば、とも思います。そのために長年の友であり、「全国で一番食っている」と畏敬されている、〝まんぷくライター〟の曽束政昭さんをパートナーに迎えることにしました。皆さんもどうぞ、掲載しているお店で串カツやお好み焼を食べながら、のんびりとお付き合いください。

なお本書では、単に「ソース」と表現した場合、それは「ウスターソース」を指し、「とんかつソース」、「中濃ソース」、「お好み焼ソース」などは、都度そのように表記します。

ではさっそくソースな街へと、身体ごとドボッ、とダイブすることにしましょう。

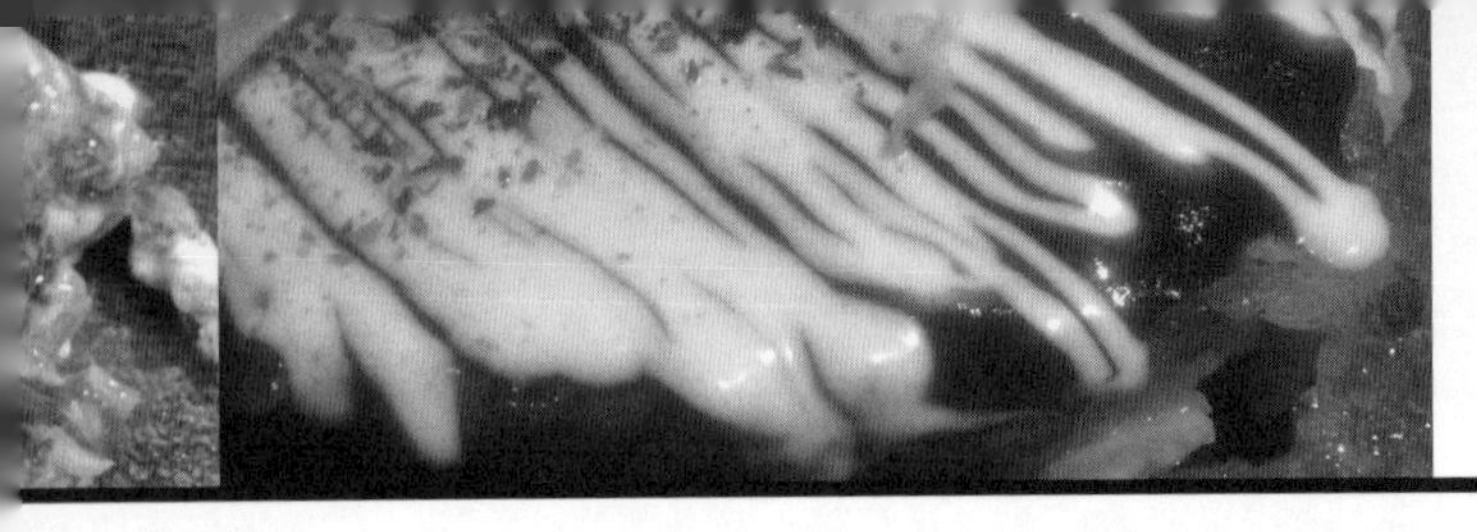

大阪ソースダイバー 神戸&京都

目次

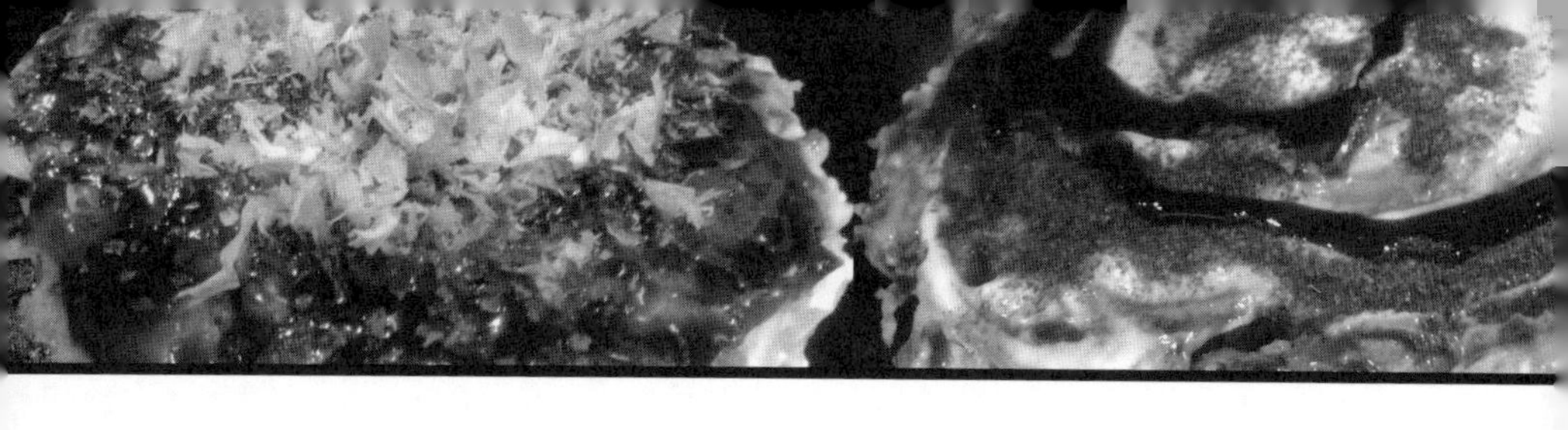

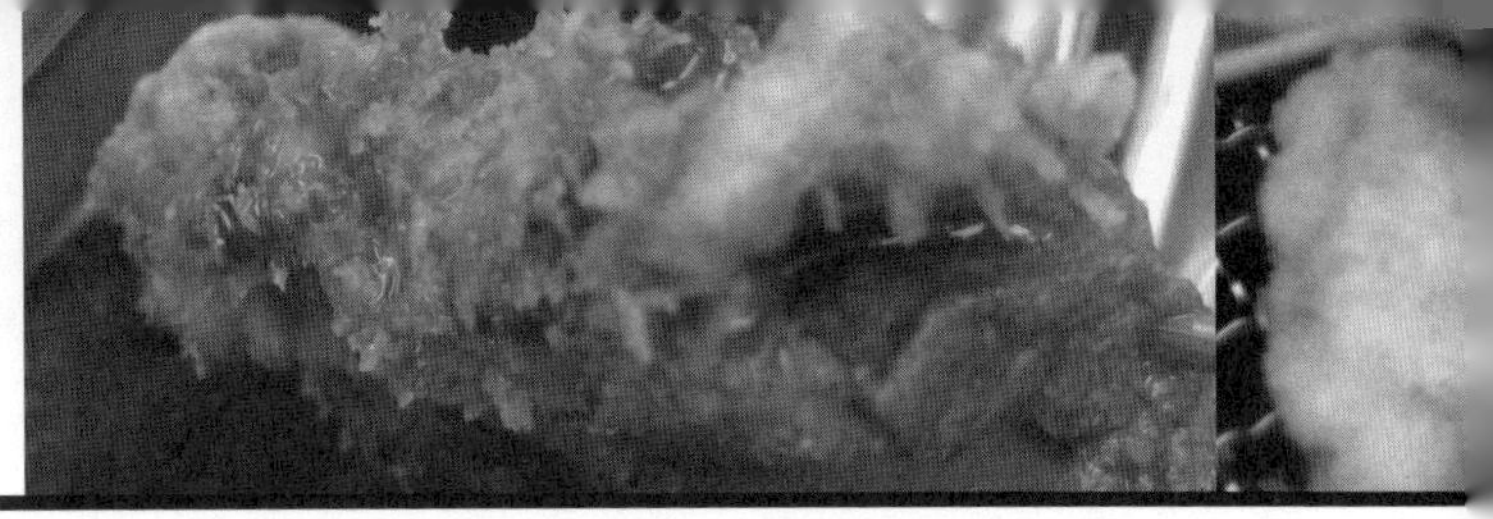

大阪＋神戸&京都ソースダイバー

目次

※本書に記載の価格は、２０１７年６月下旬時点のものです。

※掲載しているメニューの値段や商品の価格については、基本、各店の表示価格に準じます。
消費税が含まれるか否かについても、各店によって異なりますので、あらかじめご了承ください。

序章 ソースから眺める、あの頃の下町

ソースが最も輝いていたのは「昭和のあの頃の下町」である。
戦後から高度経済成長、特に1970年の大阪万博というエポックを経て様変わりした大阪の下町の風景。
あの頃の下町と、そこに共有されていた「下町のエートス」を、
かつて人々の暮らしに欠かせない下町文化であったソースとともに振り返る。

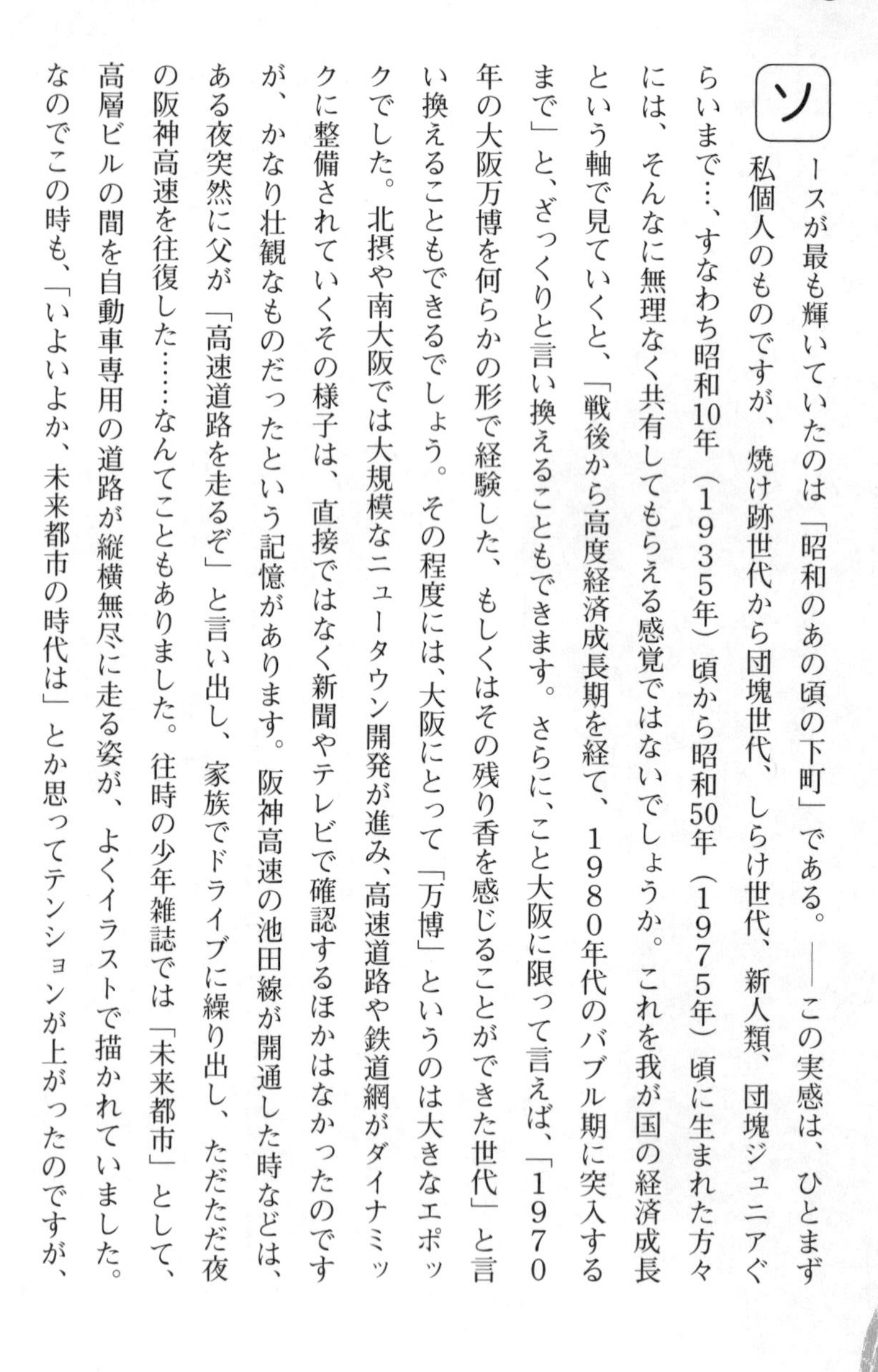

高度経済成長期と大阪

ソースが最も輝いていたのは「昭和のあの頃の下町」である。――この実感は、ひとまず私個人のものですが、焼け跡世代から団塊世代、しらけ世代、新人類、団塊ジュニアぐらいまで…、すなわち昭和10年（１９３５年）頃から昭和50年（１９７５年）頃に生まれた方々には、そんなに無理なく共有してもらえる感覚ではないでしょうか。これを我が国の経済成長という軸で見ていくと、「戦後から高度経済成長期を経て、１９８０年代のバブル期に突入するまで」と、ざっくりと言い換えることもできます。さらに、こと大阪に限って言えば、「１９７０年の大阪万博を何らかの形で経験した、もしくはその残り香を感じることができた世代」と言い換えることもできるでしょう。その程度には、大阪にとって「万博」というのは大きなエポックでした。北摂や南大阪では大規模なニュータウン開発が進み、高速道路や鉄道網がダイナミックに整備されていくその様子は、直接ではなく新聞やテレビで確認するほかはなかったのですが、かなり壮観なものだったという記憶があります。阪神高速の池田線が開通した時などは、ある夜突然に父が「高速道路を走るぞ」と言い出し、家族でドライブに繰り出し、ただただ夜の阪神高速を往復した……なんてこともありました。往時の少年雑誌では「未来都市」として、高層ビルの間を自動車専用の道路が縦横無尽に走る姿が、よくイラストで描かれていました。なのでこの時も、「いよいよか、未来都市の時代は」とか思ってテンションが上がったのですが、実際に高速道路を車で走ってみたら、あまり景色が見えないから単調で面白くない。正直「こんなもんか」とは思いましたが、路面を照らすライトのデザインと照明のアンバーカラーに近未来感があって、そこだけ少しワクワクしました。あと、確か心斎橋の大丸百貨店だったと思うのですが、万博開催の前年に「EXPO'70大阪万博展」のような催事が開かれ、まだ小学校の低学年だったのでよく意味がわからないままに家族と共にその催事に触れつつも、「万博ってなんだか凄いなあ。これをやる大阪も凄い、ということやんなぁ」とやたらと興奮し、大阪に誇りを感じたことについては、今でもはっきりと覚えています。東京では先行して、昭和39年（1964年）に「東京オリンピック」という大きなトピックがあり、やはり同じように都市開発が一気に進んだのですが、大阪はそこから遅れること6年にして、「街として並んだ／追いついた」という感じになったわけです。私自身は東京との比較で街の変化を見てはいませんでしたが、大人たちがよくそんな風に語っていました。

その頃、私の出身地である大阪市西成区はというと、まだ旧町名が使用されていました（現在の町名への変更は1973年）。私の住むエリアは「西今船町」で、隣接して「東今船町」、「曳船町」といった町名がありました。「曳船（ひきふね）」とは読んで字のごとく船を曳くことです。古代の大阪は、生駒山の麓から西側は「くらげなす八十島（やそじま）」と呼ばれる広大な海だったのですが、唯一の例外として、住之江から北に伸びた幅1キロほどの半島があった。これが後に「上町台地」と呼ばれるもので、淀川と大和川からもたらされた土砂が「八十島」を繋いでいくことで、「上

阪堺電軌阪堺線の今船停留場は1980年、飛田停留場の廃駅とともに設置された。

町台地」の東西に肥沃な平野が生まれた。つまり大阪の中心部をなす土地の大部分は、水中から「生成」した……と、このあたりは中沢新一氏の『大阪アースダイバー』（講談社、２０１２年）の冒頭部で「プロト大阪」として描かれていたものですが、「西今船町」、「東今船町」、「曳船町」といった私自身が子供の頃に慣れ親しんでいた町名にも、そうした「プロト大阪」の名残を確認することができたわけです。時代はぐっと最近になりますが、たまたま手元にあった昭和15年（１９４０年）の『大阪市案内図』（大阪市観光課作成）なる旧地図を見てみると、道頓堀川の支流が細くなって、今宮戎神社のあたりまで伸びています。川はさらに東へと伸び、新世界を超えたあたりで北へと向きを変え、日本橋と東横堀川の間ぐらいで、道頓堀川へと繋がっています。ちょうど難波から千日前、日本橋をぐるりと囲むようなこの堀川は、「難波入堀川」から「高津入堀川」へと連なる運河で、江戸時代に整備されたようですが、現在は阪神高速1号線がほぼこのルートを通っています。「曳船町」からこのあたりまで、「船を曳いていた」のでしょうか。いずれにせよ大阪万博は「大阪復興のシンボル」であると同時に、水の都としての大阪の景観を、それなりの規模で破壊したわけです。１９６４年の東京オリンピックがやはり東京の都市景観を大きく変えたのと同じように、インターナショナルなイベントというものは、良くも悪くも「街に大きな変化をもたらすもの」として機能します。

「えべっさん（十日戎）」で有名な今宮戎神社。祭礼の時期以外は、のんびりした佇まい。

ソースダイバー的「大阪の下町」

ここで、「下町」という言葉の意味……というより本書におけるニュアンスについて、ちょっと整理しておきましょう。辞書的な意味での「下町」には、地形的な特性からの下町＝海や川などに近い「低地」という意味と、社会的な特性からの下町＝商工業地域という意味があります。東京の場合は地形がとても複雑なのですが、武蔵野台地東端を「山の手」とし、その周辺地域である台東区・千代田区・中央区から隅田川以東にわたる地域を下町という……と、広辞苑にあります。「山の手」と「下町」、なんだかわかりやすい感じがしますね。「山の手のお嬢さん」と「下町の悪ガキ」といった定型的なフレーズが、ストンと腑に落ちるような。一方で大阪はというと、先に見たように、「くらげなす八十島」なる広大な海における唯一の例外として、住之江から北に伸びた幅1キロほどの半島である「上町台地」が、大阪の形成の基礎となった。

本書ではこれ以上には地学的なことに深入りしませんが、ここで重要なことは、地名として「上町」が存在する、ということです。つまり大阪においては「下町」の対義語として「上町」が存在した時代があった。実際に豊臣時代の初期——大阪城は上町台地の北端にあります——には、武家地や町人地も上町台地にあり、「上町」と「下町」はかなりはっきりと区別されていたようです。ところが秀吉晩年の慶長3年（1598年）に大阪城三の丸の造成とともに、「上町」の商人たちは「下町」の船場へと追いやられた。また武家地の一部は天満や川口へ、大名

屋敷は水運の地の利の良い堂島や中之島へと移動するに至り、「上町」と「下町」というのは、単に高低差のみを指す用語となり、社会的な特性からは切り離された。以降、商いをベースにした「超縁社会」に基づく大阪のスピリットは船場を中心に発展します。この段階で「上町」は単なる地名となったため、大阪で「上町のお嬢さん」と「下町の悪ガキ」といっても、ほとんど何の意味も成しません。現在も「上町台地」や「上町」は地名でこそあれ、東京で言うところの「山の手」のようなニュアンスを伴うことはあまりなく（そのニュアンスは「北摂」や「阪神間」が引き受けてくれています）、「上町台地」や「上町」であっても、街の風景として「下町」と呼ぶべきエリアがほとんどです。このあたり、長年にわたって上町台地に住む人たちの一部には、「いや、上町台地こそが大阪の文化を支えてきた山の手なのだ」と主張する向きがあったり、マンションのデベロッパーなどがそうした声をマーケティング的に利用する傾向もあるようですが、それらはあくまで市場経済軸での話であり、文化的な本質とは離れていきますので、本書とは立場を異にします。

さて。先に私は、自らを「下町のエリート」と表現しましたが、それだけに「下町的なサムシング」に対しては極めて敏感です。私たちが「下町」という言葉を使うとき、そこに見ている「町・街」とは、繁華街から商工業地域がシームレスに繋がった「雑多なヒトやモノやコトが行き交う場」を指します。人とその営みや、さまざまな生産物や情報といった諸要素が、近代的なツリー状ではなく、リゾーム状に絡み合って共存する場所。無数の「見ず知らずのもの同士」が絡み合って

天下茶屋１丁目界隈から東を望む。ここからほどなく、上町台地に上がる急な坂道に。

生命を保ち続ける、生物学者の福岡伸一氏の表現を借りれば「動的平衡」が保たれた場所。そのようなダイナミックな状態「コミ」で、私たちは「町・街」、あるいは「街場」、「ストリート」といった言葉を使っています。これが、以降も本書に通底する感覚であるということを、まず共有しておきたいと思います。

広汎なエリアから人々が集まる繁華街においては、何よりも「経済的合理性」がソリッドかつハードボイルドに機能せざるを得ない面がありますが、下町は必ずしもそうではありません。そこでは総じて、人と人との関係性が濃密でありながらも「あっけらかん」としており、出身地（当然、雑多です）はもちろん、仕事上の肩書きや年収といった社会的属性もあまり重視されず、「今、ここ」の等身大の本人こそが、コミュニティの成員として受け入れられます。また下町は「都市機能」をグルーヴさせるための重要なエンジンではありますが、繁華街に比して「経済的合理性」が後退する分、さまざまな「ローカルルール」というコミュニケーションのための「エンジンオイル」が、重要なものになってきます。もちろん下町にもジェネラルなルールはありますが、それは下町ごとに微妙かつ適切にローカライズされて、「気配」や「気分」として共有されます。そして、そうした「ローカルルールへの敬意」こそが、下町を下町たらしめているドグマであると言える……とまで書くと大げさに思うかもしれませんが、実際にそうなのですから仕方がありません。なので、よく「下町＝ガラの悪いところ、コワいところ」みたいな単純化したニュアンスで遠ざけたり蔑んだり（大阪は全国から見て、そのように思われている部分がありますね）、「下町＝人情に溢れた土地柄」として必要以上に有り難がったりす

る（これは民俗学系の学者やグルメ系の人たちに多いです）傾向にありますが、これらはいずれも「その街は自分の居場所ではない」という前提に立ち、「ローカルルールへの敬意」をすっ飛ばしがちであるという点において、全くの同根にあると言えます。アースダイバーの「ダイブ」という言葉を使って表現すれば、「その土地なり街に、ダイブせずにいる」ということですね。こうした態度は、極めて街的ではない街との関わり方と言えるでしょう。

家庭の食卓におけるソースのポジション

ここまでのニュアンスを、なんとなくは共有できたでしょうか。これでようやく、大阪の「昭和のあの頃の下町」を、ソースから眺めるという作業に進むための準備が整いました。街へと向かう前に、当時の我が家の家庭の食卓から、ソースのポジションを確認しておきましょう。

西成区西今船町という「西」が重なる町名にあった我が家は、幅4メートルほどの狭い路地を入った長屋の4軒目で、道は当時まだ舗装されておらず土のまま。なので子供の頃、機嫌よく泥んこ遊びに興じている写真が、いくつか残っています。泥だらけになった手足や衣服のままで帰ると叱られるので、路地の裏にあったお地蔵さんの手水で手足を流してから何食わぬ顔で家に帰るのですが、そうすると手水の水が濁っている

かつて筆者が泥んこ遊びの泥を流したお地蔵さんの手水は、今も往時と変わらず澄んだ水を湛えている。

ので、「またこーちゃんがお地蔵さんの水を汚した」と、結局はバレて叱られることになるのですが。そんな、日本中の下町のどこにでもいた「近所のやんちゃ坊主」であった私の幼少期の食卓に欠かせなかったのが、ソースです。大阪市内であればおそらくほとんどの家庭がそうであったように、味の素、アジシオ、キッコーマン醤油、ソースが食卓の一角に居座っていました。今でこそ「醤油をかけるものには、なんでも味の素をかける」という人は随分と減りましたが、当時は焼き魚やお漬物には「味の素と醤油をかける」というのが、デフォルトな行為でした。塩は、「アジシオが食卓用、専売公社の塩が調理用」という使い分けで、やはり味の素をかける。ここまでがなんとなく「和」のものです。そして唯一ソースだけが独立した地位にあり、「洋」を代表するものでした。マヨネーズやケチャップが食卓に登場するのは、ソースより少しあとの話になります。これは私の父親の世代――大正15年（1926年）生まれのバリバリの戦中派――にとっては、マヨネーズやケチャップの味覚には、まだどこか馴染めないところがあったからでしょう。そして、まだまだ家父長制が根強く生き残っていた下町にあっては、食卓は「父親の好み」に大きく左右されていました。現在のように「子供の味覚に合わせて料理を作る」、あるいは「大人と子供で別のおかずを用意する」というようなことは、まずありません。また、大皿に盛った料理を皆でとり分けるといった食べ方もずいぶん後になってからのことで、一人分のおかずが一皿に盛られた状態で、食卓の決められた席に置かれていました。

私自身は子どもの頃から醤油派で、割となんでも醤油で食べていましたが、目玉焼にはソースをかけていました。これは父親の影響で、「目玉焼＝ソースをかけて食べるもの」ということ

が、刷り込まれていたわけです。また揚げ物全般もソースで、付け合わせのキャベツも当然ソース。この頃は単品で「野菜サラダ」というものが食卓に並ぶことはなく、野菜はすべて添え物、あるいは煮炊きした状態でしか食べていませんでした。またお肉屋さんで買ったポテトサラダにも（家でそんな凝ったものは作りません）、結構な量のソースをかけていました。その方が「ごはんのおかず」になるからです。少ないおかずの量で、できるだけ多くのごはんを食べるための工夫として、ソースの役割は大きかったのです。

食事の際は、母親は家族と一緒に食卓を囲むことはなく、給仕係としてごはんや味噌汁のおかわりに応じていましたが、「そのこと」に違和感を抱く者もいませんでした。そして母親自身は、皆が食事を終えてから、基本的には残り物とお漬物で、せわしなく自分の食事をしていました。うちの父親がよくおかずを残していたのは母親への配慮もあったようですが、物事が多少わかるようになる小学校高学年の頃までそんなことには気づかずに、「お父ちゃん、おかず残すんやったら食べていい？」なんてやってましたから、子供というのはいつの時代も無邪気で愚かな生き物ですね（だからこそ子供、なのですが）。そんなとき母親が、お漬物にソースをかけて食べているのを何度か見たことがあります。今でも年配者の方には、「漬物ソース派」がたまにいますね（立ち飲みや串カツ屋で見かけます）。

以上に見てきたように、当時の家庭の食卓におけるソースは「洋」を代表すると同時に「ちょっと贅沢」なものであり、一方では「ごはんがたくさん食べられる」というメリットも手伝って、たいへんに便利な調味料として欠かせないものだったと言えるでしょう。

昭和の下町の風景――西成から

さて。家を一歩出ると、路地は子供たちの遊び場であり、大人たちの社交場でもありました。狭い路地ではありましたが、子供たちはコマやベッタンで遊び、ままごとや泥遊びをし、鬼ごっこや下駄隠しや縄跳びをし、時には三角ベースで野球をし（ボールは白いゴムボール、ベースはマンホールや側溝の蓋や拾ってきた段ボール）、線路沿いの裏道続きの路地対抗では「戦争ごっこ」なる銀玉鉄砲による撃ち合いなどが繰り広げられていました。おやつの時間の頃になると、その線路沿いの裏道のちょっとした広場には、紙芝居のおっちゃんがやってきます。ロバのパン屋や、ポン菓子のおっちゃん、わらび餅売りといった「顔馴染みの闖入者」も、路地によく入って来ました。そうした際には、子供たちはいったん遊びを中断し、外から訪れたおっちゃんたちを迎え入れるのでした。この紙芝居のおっちゃんも、「街のソース大使」です。紙芝居の人気メニューには、せんべいに湯がいた焼そばと天カスを載せてソースをかける…というものがあり、これは当時20円とちょっと高級でしたが、腹持ちの良いおやつでした（当時の紙芝居ではほとんどのメニューは10円でした）。

大人たちはというと、夏場になると玄関前に床机を出して涼み、そこで縁台将棋を始めたり、晩酌をしたりする。冬場になると穴を開けた一斗缶でゴミを焼き、ついでに練炭や豆炭の火を起こしたり、焼芋を焼いたりもする。アニメの『サザエさん』よ

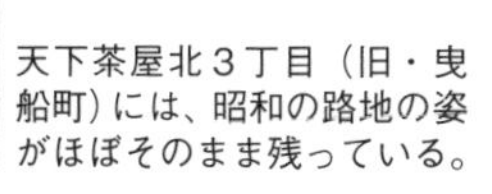

天下茶屋北３丁目（旧・曳船町）には、昭和の路地の姿がほぼそのまま残っている。

ろしく、魚は家の前に練炭コンロを出して焼くものでした。ちなみに野良猫は多かったのですが、魚をくわえて逃げるシーンは、残念ながら見たことがありません。

路地の中には、ささやかな「モノ作りの場」もありました。うちの路地の場合は、一番奥に箒工場と溶接所があり、次に配管屋の事務所、ブリキ箱工場がありました。それぞれがガレージ程度の広さの中で一人、もしくは数人が作業をしており、その様子は表から「丸見え」です。その中で私のお気に入りは溶接所で、ここでは主に鉄のアングルを溶接していました。鉄をカットするときに出る火花や、バーナーから出る炎は迫力があり、その様子をぼんやりと眺めているのが大好きでした（毎回、危ないからあまり近づかないように注意されました）。ブリキ箱の工場では、カット後のブリキの破片が余るので、これをもらってオリジナルのおもちゃをよく作っていました。家には大きな裁縫ハサミがあり、幼少時よりこれでなんでも切って遊んでいたのですが、ブリキもうまく力をかければ切ることができたので、手裏剣などを作って友達にあげていました（ついでによく指も切りましたが、大きな怪我には至りませんでした。ラッキー）。さらに路地を出て少し歩くと、市場に向かう通りには畳屋が、南に向かうとクリーニング屋（今と違って、店先で作業していました）や欄間（らんま）屋があり、これらもお気に入りの見学スポットでした。いわば毎日が、ちょっとした社会見学みたいな感じですね。

そうした下町の日々の生活の中で欠かせないのが、「近所の飲食店」です（以下、単に「近所の店」と表記）。うちの近所には、半径１００ｍ以内に大衆食堂やうどん屋や鮨屋や焼肉屋や中華料理屋やお好み焼屋や関東煮やたこ焼も売る駄菓子屋や喫茶店が、数軒ずつありました。そんな状態だったので、子供の頃から「一人で外食すること」については、何の違和感もありませんでした（このあたりが「下町のエリート」たる所以です）。「何か食べといで」とお金をもらって行くこともありましたが、けっこう多くの場合、あとで何かのついでに、親が払いに行くパターンです。所謂「ツケ」というようなレベルではなく、数時間、せいぜい翌日ぐらいまでの間でしたが、それが許される程度の「ゆるやかな信頼関係」がちゃんとあった、ということですね。

鮨屋と焼肉屋は「下町のごっつぉ（御馳走）」であり、予算的にも数百円というわけにはいきません。なのでさすがに、子供だけで行くのはご法度。たこ焼は基本的に「おやつ」の扱いで食事ではありませんから、やはり真っ先に除外されます。畢竟、食堂、うどん屋、お好み焼屋が選択肢となり、お好み焼屋は路地の中にあったので、週末のお昼は圧倒的にお好み焼率が高くなるのでした。以上からお分かりのように、たこ焼やお好み焼は我々下町の人間にとって「外で食べるもの」であり、家でたこ焼やお好み焼を作ることは、基本的にはありませんでした。百歩譲ってお好み焼は、「家にあるものだけで始末するとき」に作ることはありましたが、それもせいぜい年に一、二度のことです。たこ焼については、よく「大阪の家庭には一家に一台、たこ焼台がある」などと言われますが、それは近所にたこ焼屋がないような生粋の住宅街に限った話で、下町の人間からすると「お前らとこの近所には、たこ焼屋もないんか。不便なとこやのお」ということで、街的には格下扱いされるのでした（実際にはもちろん、生粋の住宅街に住んでいる人の方が「お金持ち」です）。

地下鉄玉出駅すぐの［象屋］。豚肉の上につなぎの生地を塗る大将の仕草は早くて正確だ。

飛田遊廓の塀の「中」と「外」

ここまで、私の出身地である大阪市西成区西今船町（現在の天下茶屋一丁目）の「下町の路地」の風景を縷々綴ってきたのですが、大阪市内の路地は、概ね似たような状況にあったと思います。２００５年に公開されたヒット映画『ＡＬＷＡＹＳ 三丁目の夕日』は昭和33年（１９５８年）の東京の下町が舞台で、ＣＧによって街がいささかサニタリーに描かれ過ぎているきらいはありますが、「共和的な貧しさ」という点においては、同時代の大阪の下町とそんなに大きくは変わらない。つまり東京では１９６４年のオリンピック以前、大阪では１９７０年の万博以前は、ざっくりと「そういう時代だった」ということでしょう。

このあたりでちょっと脱線して、うちの近所「ならでは」の話を、少ししておきます。

西成区西今船町から一番近い繁華街はというと、それは「飛田エリア」でした。全国に名を馳せる現役の遊廓街、飛田新地を中心とする界隈ですね。遊廓街としての飛田については本書ではあまり踏み込みませんが、井上理津子の『さいごの色街 飛田』（筑摩書房、２０１１年）に詳しいので、ぜひお読みください。ここでは私の子供の頃の「飛田エリア」がどのような場所であったかについて、記憶をもとに記述していきます。

子供の頃はもちろん「遊廓」というものが分かっていませんでしたから、私たちはぼんやりと「旅館がたくさんある街」ぐらいのイメージで、昼間にしょっちゅう遊びに出かけていました。

1970年代の飛田界隈には「飛田東映」と「トビタシネマ」という2つの映画館がありましたから、「映画を見に行く」といえば、まずは飛田です。うちの家からだと、南海平野線の飛田駅の前を通り過ぎたところの横道を北へと上がるルートで、飛田エリアに入って行きました(南海平野線は1980年に廃線、これに伴い飛田駅も消滅)。当時の飛田には射的やスマートボール、金魚すくい等の遊興場が常設でありましたから、映画の帰りにこうしたところに立ち寄って遊ぶのも楽しみでした。映画には家族で行くこともありましたが、なにしろ歩いて行けましたから、お小遣いをもらって兄弟や近所の友達と行くことの方が多かったです。また幼稚園のお友達の一人が、今にして思えば遊廓のおぼっちゃんで、昼間に彼の家(遊廓です)に上がりこんで「かくれんぼ」をしたこともありました。そのときは「お前とこの家、めっちゃ部屋ようけあるなあ」とか言いながらコーフンしていた(かくれんぼに、ですよ)のですが、夕方前になると「もう出て行きなさい」と全員にお小遣いを渡され(営業開始前なので追い出されたわけです)、「ラッキー」とばかりに、一緒に金魚すくいと射的をしました。そのお友達は、金魚すくいも射的も半端なく巧かったことを覚えています。

先に「飛田エリア」と言いましたが、それは大きく遊廓街の「飛田新地」を中心に、アーケード街の「飛田本通商店街」、そこから派生する「新開筋商店街」や「山王市場通商店街」を含む、半径300メートルぐらいのエリアを指します。遊廓街はその昔は女

堺筋の南の果てにある「飛田新地料理組合」の矢印看板。ここを入ると、すぐに飛田新地。

性たちが逃げられないように高い塀で囲われていたのですが、私の幼少期にはその多くは取り壊され、飛田駅の周辺に少しばかりその名残を留める程度でした。塀があった頃は、飛田本通商店街側に「大門（おおもん）」と呼ばれていた門があり、そこから真っ直ぐ東に向かう道がメインストリートの「大門通り」、その突き当たりにある大きな扇状の巨大な階段——これは上町台地との高低差を階段で処理したもの——の頂上の2カ所だけが、遊廓街への入口でした。いまでは大門も階段もありませんが、それらがあった頃はまだ、街の気配として「この辺りは、かつて隔離されていた場所である」という感覚が十分に残っていました。なので、子供心にも「ハレの場としての飛田の存在」が、何か特別な意味を持っていることは、ぼんやりとは理解していました。

当時の飛田本通商店街を中心としたアーケード街は、大勢の人たちが行き交う一大歓楽街でした。飛田本通商店街を北へ抜ければ、ジャンジャン横丁から新世界。途中で曲がって今池本通商店街を西へ抜ければ、萩之茶屋や釜ヶ崎のエリア。はるき悦巳の漫画『じゃりン子チエ』そのまんまの世界です。そして新開筋商店街を北東へ抜ければ、かつて大阪の寄席芸人らが大勢住んでいたという「てんのじ村」からあべの橋、天王寺。と、いわばリゾーム的に連なるアーケードのメインストリートとして、かつての飛田本通商店街は機能していたのです。通り沿いにはパチンコ屋や飲食店や各種商店がズラリと並び、週末ともなると、すれ違うのが困難なほ

飛田新地の大門通り。かつては映画館や射的などの遊興施設が並ぶ、華やいだ通りだった。

どの人で埋め尽くされる。当然のように、街に暮らすさまざまな人たちと、釜ヶ崎の日雇い労働者たちが混在する。そのことに違和感は全くなく、私たちにとっては「昼間から酒を飲んでいるおっちゃんがやたらと多い」ぐらいの認識です。そして飛田から新世界、あべの橋、天王寺というのは「一つのストリート」であり、歩いてすぐに行ける飛田や新世界、天王寺は「地元の繁華街」、電車に乗って出かけるミナミやキタは「おでかけする繁華街」という感覚でした。

あべのエリアの再開発に伴い、飛田から新世界、あべの橋、天王寺が「一つのストリート」として感じられることはもうありませんし、どの商店街も軒並み寂れたがゆえに、飛田及びその周辺のエリアは、「大阪ディープエリア」みたいな扱いを受けていますね。この「ディープ」という表現にはいくぶん差別的なニュアンスも含まれていますが、それ以上に問題なのは、「ローカルルールへの敬意」が欠落した思考停止的な表現である、ということです。「ディープ」という表現は、そのように呼ばれた土地を、面白がったり揶揄したり貶めたりすることには繋がっても、その先にあるディープの深層や、ローカルルールのもたらす文化的豊穣に想いを馳せるような思考には、残念ながら至りません。なので、私からできるアドバイスは、その土地に対して「ディープ○○」みたいな表現（情報誌やテレビのバラエティ番組に多いのですが）を見かけたら、全て疑ってかかった方がいい、ということです。

飛田本通商店街は、飛田新地の大門前から北に向かい、新世界や天王寺エリアと繋がる。

●「得体の知れなさ」と下町のエートス

ここで本書の主題であるソースにお話を戻しましょう。

日本にウスターソースが入ってきたのは明治の文明開化の頃、というのが定説です。横浜や神戸の港から、イギリスの商人たちが他のさまざまな新しい食材（パンやバター、チーズ、チョコレート、アイスクリームなど）とともにウスターソースをもたらし、これがハイカラな洋食文化とともに普及した、と。何ら違和感のない話ですね。もっとも、その初期は人々にソースの味がなかなか受け入れられませんでした。現在のヤマサ醤油が製造した初の国産ソースと目される「ミカドソース」は明治18年（1885年）に発売、日本人に馴染むように「新味醤油」という登録商標を取ったにもかかわらず、1年ほどで市場から撤退しています。同年に神戸の阪神ソースも自社でソースの製造販売を始めたのですが、当時の唯一の販路が薬屋であったということからも、苦戦したであろうことが窺えます。本格的にソースが普及するようになったのは1894年以降で、同年の三ツ矢ソース、1896年の錨印ソース（現在のイカリソース）、1897年の矢車ソース、1898年の白玉ソース、1900年の日の出ソース（輸入品と自家製品のブレンド品）、1905年のブルドックソース……と、明治の後半になって産業としてのソース業が活発になったことで、ようやく普及への道が開けたのでした。いずれにせよ、ソースは「洋食文化の象徴」であり、繁華街の洋食店には欠かせないものであるとともに、まだま

だ限られた家庭の食卓に導入された初期には、「ハイカラな贅沢品」であったことは、まず間違い無いと思います。

ここでソースダイバー的に、一気に想像の翼を広げましょう。「新味醤油」と表現されたこともあったように、褐色のソースは醤油の色にも似ています。しかしよく見るとその色は、醤油よりも不気味に黒く、どんよりと濁った感じがする。味的にも馴染んだ醤油と違って、なんだか得体の知れないところが、ソースにはある。そして大豆をベースとする醤油と異なり、ソースには実にいろんなものが入っており、その分だけ味も複雑怪奇である。そのような「異物」を受け入れるには、味覚だけではなく、文化的なブレイクスルーが必要になってきます。つまり、ソースの「濁った感じ」や「味の複雑さ」こそが「ハイカラ」なものであり、このソースの味を「おいしい」と受け入れることが、まずもって文化人や知識人、政治家、資産家といったエスタブリッシュメントたちに求められた時代があった。その後に、広く庶民に「これがハイカラで、おいしいものなのだ」「都会的で新しいものなのだ」と受け入れられていった、という流れになるはずです。下町的には、ソースは最初から「ハイカラでおいしいもの」として普及する運命にあり、ゆえに「なんでもソースをかけることが贅沢」とされる時代があったわけです。

このように考えると、ソースと同じような流れで受け入れられていったものとして、コーヒー

かつて特約店に掲げられていた「錨印ソース」の木製看板。かつての屋号「山城屋」の名が刻まれている（イカリソース西宮工場所蔵）。

やコーラを位置付けることができるのではないでしょうか。コーヒーは明治から大正にかけての「カフェー」の時代に普及していますが、こちらも最初から「おいしい」と思われたはずがありません。黒褐色の苦い汁を啜ることが、都会的なものであり、それを受け入れるのが新しいライフスタイルだったのだ、と。大正時代にコカ・コーラの輸入が始まったコーラも同様に、そのくびれたデザインがお洒落な瓶と相まって、都会的なものとして受け入れられた。コーヒーもコーラも、その初期には「ハイカラでおいしいもの」という概念が先にあり、その味に次第に馴染んでいくうちに、実際に「おいしいもの」と認められるものとなっていった、と考えるのが自然でしょう。

　ソース、コーヒー、そしてコーラ。本書ではこれらを便宜的に、「3大黒褐色液（ダークリキッド）」とまとめましょう。いずれもダークな黒褐色で、どこか得体の知れないところがあります。その「得体の知れなさ」を含めて、私たちはそれらを「ハイカラでおいしいもの」として、全面的に受け入れた時代があった。ソースダイバー的には、3大黒褐色液が「雑多なヒトやモノやコトが行き交う場」としての「町・街」で受け入れられたことに、大きく首肯（しゅこう）してしまいます。それは、先に「出身地や社会的属性が重視されず、等身大の本人こそがコミュニティの成員として受け入れらる」とした「下町のエートス」と、ピッタリと重なるからです。3大黒褐色液は、甘さに敏感な子供の味覚から考えれば、酸っぱかったり（ソース）、苦かったり（コーヒー）、炭酸が強かったり（コーラ）と、あまり「おいしいもの」と

玉出の［象屋］には一般には流通していない花園町「ヒシウメソース」（→P164）のどろソースが！さすが地元。

は感じられない。にもかかわらず、「大人たちがおいしいと言っている」ということを最大の基準に、「それらがおいしいと思うことが、大人っぽい」ということを、刷り込まれる。子供たちにとっては、大人が「ハイカラでおいしい」と思うものを積極的に受け入れることが、端的に「大人になる近道である」ということですね。昭和の下町に生まれ育った私たちの実感として、「大人になること」こそが喫緊の生存戦略でしたから。ことのついでに遊んでしまえば、ソースとコーヒーが出会う場＝「洋食屋」で、ソースとコーラが出会う場＝「お好み焼屋」で、コーヒーとコーラが出会う場＝「喫茶店」である、と定義することもできるでしょう。それらの場所は、「大人と子供が共存する街場」に、ほかなりません。

話を最初に戻しましょう。ソースが最も輝いていたのは「昭和のあの頃の下町」である——ここまでを根気よく読み進めていただいた方には、この感覚を充分に共有していただけたのではないでしょうか。大人たちは、ソースを中心とした「得体の知れない」3大黒褐色液を、「ハイカラでおいしいもの」として憧れを持って受け入れた。子供たちはそんな大人たちを見て、3大黒褐色液を「大人になる近道である」として、やはり憧れを持って受け入れた。それが、昭和のあの頃の下町で起こった「出来事」だった。

いささか長くなりましたが、以上を踏まえた上でようやく本書は、お好み焼と串カツという「ソースの存在を必須条件とする、下町のソウルフード」の旅へと向かいます。

梅田［ヨネヤ本店］（→P202）の串カツ盛り合わせ。これから次々と、バットの特製ソースにダイブしていくのだ。

第1章 お好み焼な街を往く

ソースが必須条件の「下町のソウルフードの王者」と言えば、お好み焼。
お好み屋は、高度経済成長という「大きな物語」と平行して下町に生まれた「小さな物語」の舞台である。
「下町のローカルルールへの敬意」とともに、パブリックな場のダイナミズムが作動する、
大阪と京都・神戸の下町の「街の学校としてのお好み屋」を探訪する。

「街場のお好み焼」試論

●「お好み焼き」と「お好み焼」

ソースの存在を必須条件とする、下町のソウルフード。その王者が、お好み焼です。今、私はさらりと「お好み焼」と表記しましたが、広辞苑を見てもウィキペディアを見てもウェブサイトの「食べログ」を見ても、「お好み焼き」と表記されています。ですが、実際に街に出てお好み焼屋の暖簾や看板を見ると、ほとんどの場合「お好み焼」とあります。焼肉屋が「焼き肉」と看板や暖簾に掲げないのと同様に、お好み焼も「き」の一文字で、印象が随分と変わりますね。以降、本書では街場におけるルールに準じて、「お好み焼」と表記します。その伝でいくと、お好み焼を提供する飲食店は「お好み焼屋」と表記するのが正確なのでしょうが、私たちは会話の中では「お好み焼屋に行く」とは言わずに「お好み屋に行く」、さらにはもっとシンプルに「お好み行こか～」となります。後者はさすがにパロールが勝ちすぎなので、本書では以降、「お好み屋」を採用したいと思います。

一見どうでもよさそうな表記のことから入りましたが、これらはソースダイバー的には決して「どうでもよいこと」ではなく、重要なことなのです。私個人の感覚では、書かれた文字としての「お好み焼き」や「たこ焼き」や「焼き肉」は、なんとなく「食べ物」ではない。それは単なる文字であり、ソースや焼肉のタレの香りとともに、目の前にありありと浮かんでくることはありません。「お好み焼」と発話した瞬間に想起される脳内味覚を、視覚として認識される文字に置き換える場合、「き」の存在はシズル感を阻害する要因だと感じます。

少し違う例で、話をしましょう。

今の日本語では、「入口と出口」という場合、正しくは「入り口と出口」と表記することになっています。これは漢字の読み方として、「入口」では「いくち」あるいは「はいくち」となるため「り」を送らないと辻褄が合わないからです。ここで「読み方として正しくなるように表記すべき」といった、教条主義が立ち上がります。そして私は、このような「正しい／正しくない」といった視点から物事を判断しがちな教条主義が、街的には一番つまらないものだと考えています。本書に伏流する概念は「(下町の）ローカルルールへの敬意」ですが、教条主義はその点において相容れません。「お好み焼き」も「たこ焼き」も「焼き肉」も、「読み方として正しくなるように表記すべき」という視点からの表記であることを考えると、街場のヴァイヴスと乖離するのは、当然のことなのです。

ここで、私の「物書き」としてのメンターであり、関西の街の情報誌『ミーツ・リージョナル』などを通じて「街・街的」というものについてともに試論を重ねてきた仲間である著述家・編集者の江　弘毅氏の『「街的」ということ』（講談社現代新書、２００６年）を、ご紹介しておきましょう。同書の副題は、「お好み焼き屋は街の学校だ」というものです（傍点筆者）。前段の表記に関するスタンスが、いきなり崩れてしまいますね。おそらくは同書の版元である講談社的に「正しい」のが「お好み焼き屋」であり、江氏も「論旨から遠ざかるし面倒」なので、表記へのこだわりについてはまるっとスルーして本を書き進めたのでしょう。とまれ、この副題の章には、本書がこれから展開する試論のベースとなる記述があるので、引用しておきます。


その「街のルール」の基礎体力をつけるトレーニング場となるのがお好み焼き屋に多いことは、関西では不変の事実である。

それは、年齢的な子どもに限った話ではない。

正しく暴投を繰り返す大人がキャッチボールを繰り返すお好み焼き屋では、教科書通りの球を投げる人間は嫌われる。そこらへんの機微がわからない人間を、子どもと呼ぶ。

そして、街のトレーニング場としての「お好み焼き屋」は、子どもが子どもとしてスポイルされ切った教育現場のような、子どもに対する特別扱いはない。子どもはつまり「不完全な大人」として扱われる。


いかがでしょうか。この江氏の記述に、本書の前章での記述――大人たちは、ソースを中心とした「得体の知れない」3大黒褐色液を、「ハイカラでおいしいもの」として憧れを持って受け入れた。子供たちはそんな大人たちを見て、3大黒褐色液を「大人になる近道である」として、

やはり憧れを持って受け入れた――を別レイヤーとして重ねれば、なぜお好み焼が「下町のソウルフードの王者」なのかが、理解しやすいと思います。

つまり、「単なる食べ物としてのお好み焼」がそのまま「下町のソウルフード」なわけではなく、「街の学校としてのお好み屋」という「パブリックな場」のダイナミズムが常に作動しているからこそ、お好み焼が「下町のソウルフードの王者」たり得る、ということなのです。

さらに江氏は、このように続けます。

お好み焼き屋では、これはなぜかわからないが、近所のおっちゃん客が正しいと決まっている。もっと正しいのは、カウンター内で忙しくテコを動かしているおばちゃんなのだけど。その暖簾の外や高級レストランではどうあれ、街のお好み焼き屋ではおっちゃんとおばちゃんが正しいプレイヤーなのだから、そうじゃない自分は規格外品。つまり不完全であると認識しなくてはいけない。

ここで江氏が云うところの「正しい」が、先に私が書いた「教条主義的な正しさ」とは真逆のもの、すなわち「ローカルルールへの敬意」そのものであるということも、あわせて読み取っていただければと思います。

お好み焼の起源、そしてソース

お好み焼はその起源を、大正時代に駄菓子屋で人気を博した「洋食焼」に持つようです（実際には単に「洋食」と呼んでいたらしい）。洋食焼のルーツについては諸説ありますが、関西、わけても大阪あるいは京都が発祥であることは、どうやら間違いない。

伝承料理研究家の奥村彪生（あやお）氏は洋食焼の前史として、大阪・堺において千利休がお茶菓子として供した「麩（ふ）の焼」を位置付けることにより、はっきりと「大阪をルーツとする洋食焼」と、『なにわ大阪再発見・第3号』（大阪21世紀協会文化部、２０００年）で記述しています。少し引用しましょう。

大阪をルーツとする洋食焼は、クレープの上にせん切りキャベツをのせて焼き、ウスターソースを塗って食べるところがハイカラ。キャベツもウスターソースも生まれは西洋。しかもコムギの粉はアメリケン粉。略してメリケン粉。これを使うところが進取的であった。西洋生まれの食材やソースを使ったことから「洋食焼」という。

さすがに奥村氏は、表記に関して自覚的であり、同書では「洋食焼」「お好み焼」「モダン焼」「いか焼」などと記しています。駄菓子屋で、子供のおやつとして生まれた洋食焼が進化したものがお好み焼であるならば、駄菓子屋のあるような町、つまりは「下町」から、お好み焼が生

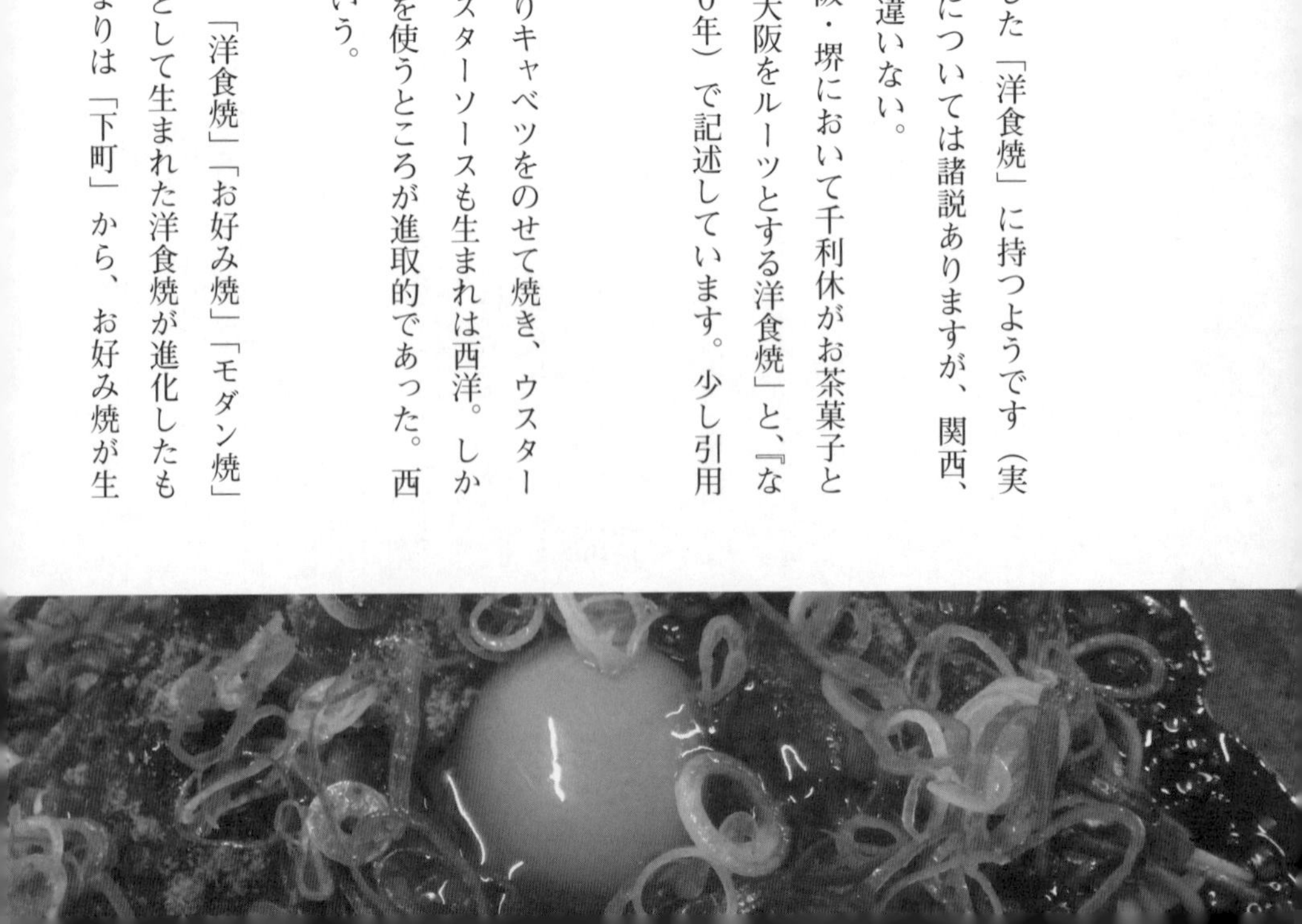

まれた――この流れに、疑念を挟む余地はあまりないように思います。

そして、ここで私はまたしても、ソースダイバー的に夢想してしまいます。

「洋食焼」はまずもって駄菓子屋での子供のおやつであり、焼きあがったものを2つ折りにして新聞紙にくるんで供されるそれは、「子供が立ち食いするもの」であった。それを大人たちが「お、けっこう旨いやないか。なんせハイカラやし、ソース味がビールにも合うがな」とばかりに、子供たちから取り上げて、飲食店で供するものとした。この時点で、豚や牛などの肉類、イカやエビなどの魚介類が加わり、「好きなものを混ぜて、自分で焼く」ことから、「お好み焼」が立ち上がった。

つまり「洋食焼」から「お好み焼」への進化とは、「子供のおやつから、大人が食べるもの」への跳躍とともにあった、ということになるのではないか。

このように考えれば、「街の学校としてのお好み屋」というポジショニングにもすっきりと接続できますし、なぜ「お好み屋の焼き手にはおばちゃんが多いか」の説明もつきます。駄菓子屋の多くは「本業の片手間として、おばちゃん（乃至はおばあちゃん）が営むもの」でしたから、相手が子供から大人に変わっても、焼き手としての「おばちゃん」はそのままスライドしていった、ということですね。もちろん「おっちゃん」の焼き手もいますが、その多くは「おばあちゃんの手伝いをしているうちに、代替わりしておっちゃんが焼くようになった」というパターンである…と考える方が楽しいいし、より実感に近い。

私が子供の頃に親しんでいたお好み屋は、軒並み「おばちゃん」が焼いており、それは多くの場合、旦那さんの稼ぎを補うものであったかと記憶します。「子供も増えてお金がかかるから、なんぞ商売でもせな、稼ぎが足らんわ」というようなとき、家の玄関先に少し広い場所があれば、そこに鉄板付きのテーブルを数台並べれば、お好み屋が開業できる。料理の専門的な技術も、特殊な食材も、必要がない。そのような「気楽な副業」として、戦後の大阪の下町で、数多くのお好み屋が生まれたのだと思います。

高度経済成長という「大きな物語」と並行して、下町のシーンでは、お好み屋という「小さな物語」が無数に生まれた。それがうまい具合に相互依存的に作用していたのが、戦後から'70年万博の少し後ぐらいまでの、「昭和のあの頃の大阪」であった。

本書は学術的な研究書ではありませんし、ここで展開している話はあくまで「試論」ですので、お好み焼のルーツに関する諸説については、意識的に掘り下げないでおきます（あまり面白くないですし）。

なので、もっとも「おいしく」感じられるところの、「洋食焼からお好み焼への進化」と、それに伴う「子供のおやつから、大人が食べるものへの跳躍」、さらにはそこでの「ソースの手柄」こそを、下町のフォークロアとして丁寧に取り扱いたいと思います。

●「粉もん」によって遠ざかっていくもの

先に紹介した奥村彪生氏の小論のタイトルは、「ソースが支える大阪の粉食」というものでした。書き出しは、こうです。

大阪のおひとは粉物（こなもん）が好きである。粉といってもソバ粉ではなく、コムギ粉。すでに安土桃山のころには「饂飩（うどん）」が食べられていた。大阪城築城の時の労働者の食べ物であった。

この小論は平成12年（２０００年）に発表されたものですが、すでに「粉物」という表現があたりまえのように使われています。「日本コナモン協会」なる民間団体ができたのは２００３年ですが、その会長である熊谷真菜氏が著書『たこやき』を発表したのが１９９３年ですから、「粉もん」という言葉がキャッチーで伝播力を持つものだったことが窺えます（奥村氏は「日本コナモン協会」の理事でもあります）。

私はこの「粉もん」という表現を、あまり心良く思っていません。もっとも、そのような形で食文化の研究や普及に努めることについては、何ら異議を唱えるものではなく、ただ自分にとって、「粉もん」という言葉は「お好み焼き」「焼き肉」と同列にあり、そこに「おいしさ」を感じることができないからです。

最初に「粉もん」という言葉を聞いたときに、私が連想したのは「はったい粉」や「きな粉」でした。子供の頃、はったい粉に砂糖を混ぜて水で練ったものを「おやつ」として食べたり、

きな粉と砂糖を混ぜたものをごはんにかけて食べていた（こちらはおやつではなく、食事です）私からすると、「粉もん」という表現は、お好み焼やたこ焼とはどのような理路を経ても結びつかなかった。

また例えば、気の置けない友人と食事をするとき。私たちは「粉もんでも食いに行こか」とは決して言いません。「お好み屋行こか」、「うどんでも食おか」みたいに、ダイレクトに食べたい対象そのものを発話します。そのことに、何の不自由も感じたことはありませんし、「何か食べたい」という欲求が生まれた時に、お好み焼とうどんは感覚的にかなり「離れた場所」にあり、「粉もん」とまとめて語るセンスには、残念ながら理解が及びません。

さらに言えば、「お好み焼」と「たこ焼」も、その起源や発展についても、実は結構「離れた場所」にあります（たこ焼の起源などについては、本書では扱いませんので各自で調査願います）。表面的には、メリケン粉とソースを使う点でこそ共通しますが、街場において「たこ焼」は未だに買い食いのおやつのポジションに甘んじているわけで、「お好み焼」と並べて語るべきものではないということは、ここまでお読みいただいた方にはもはや自明でしょう。

以上は私個人の感覚ですし、言葉としてここまで普及した今となっては、「粉もん」と聞いて涎を垂らすような人たちも、一定数はいるのかもしれません（どうでしょう？）。私としては、「粉もん」は飲食ビジネスや消費の世界においては便利な言葉であると認めますが、味覚や文化を伝える表現としてはいささか知性に欠け、雑駁に過ぎると思っています。「B級グルメ」（これも私が決して使わない表現です）などと同じように、「ローカルルールへの敬意」が根本的に

欠落しているような気がします。

おそらくは「粉もん」という言葉の普及とともに、「街の学校としてのお好み屋」の風景は、遠ざかっていくのでしょう。本書の企図は、そうした風景をのんびりと眺めながら（取り戻しながら）、「下町とソースの真実」という、「単純なセオリーとして共有することが困難な感覚」を、全身で獲得せんとする「足掻き」にあります。なのでこれ以降は、「粉もん」という言葉を使うことはありません。

そろそろソースの焦げた香りが、立ち込めてきました。最初に向かう街は、キタの雑踏です。

キタ

「大阪の玄関口」の下町へ

キタとミナミ。この2つの繁華街が「大阪の顔」であることについては、論を俟ちません。両者ともに観光地でもあり、訪問のハードルは低いので、まずはこの2つの街から「下町とソースの関係」を味わっていくことにしましょう。

キタもミナミも、江戸時代に人工的に整備された街です。キタを代表する地名である「梅田」は、その語源が「埋田」であり、読んで字のごとく湿地帯を埋め立てて田畑としたものです。国道2号線の桜橋交差点付近では「ここの地盤は海抜1m」との表示が確認できますが、この地盤の低さが、「くらげなす八十島」だった頃の大阪の名残り。またJR大阪駅周辺の町名には「大深町」「芝田」「角田町」「小松原町」など、土地の素性に因むものも結構あります。そして繁華街としてのキタの歴史は、堂島新地（現在の北新地エリア）に端を発します。江戸時代における大坂の治水事業の功労者である河村瑞賢が、堂島川と曽根崎川を改修したことで、元禄元年（1688年）に「堂島新地」が誕生。ここが船場の北に位置することから「北の遊里」と呼ばれて、「キタ」の呼び名が一般に定着していきます。

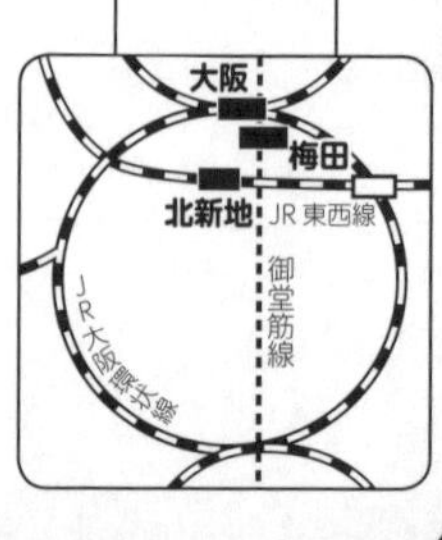

大阪市内の南部に住む人間にとって、キタはいわば「街デビューのゴール地点」。私の場合は家から最も近い繁華街が飛田でしたが、その流れで阿倍野から天王寺へ、というのが小学生時点での主なフィールド。ここまでは徒歩圏です。中学生になると、自転車や電車でミナミまで守備範囲を広げます。そして高校生でキタに出て、複雑に入り組んだ地下街や商店街を自在に歩けるようになって、ようやく一人前。さらに大学生になると、キタを経由して神戸や京都にも行くようになりますが、それはもはや「地元」を拡張するための「街デビュー」ではなく、ゆるやかに観光のニュアンスを帯びてきます。

そんなわけで、高校から大学にかけてはキタが私の主戦場でした。「戦場」とは大げさな表現かもしれませんが、その街の闊達自在を獲得していく過程は、感覚的には「戦場」と表現するのがしっくりくる。別にヤンキーみたく喧嘩腰で街を闊歩するわけではないのですが（私はヤンキー的なものとは最も縁遠い人間です）、地元を拡張することは「心理的な陣取

り合戦」のようなところがありますからね。

私がキタを主戦場とした時代、つまり1970年代後半から80年代前半のキタを現在と比較すると、さすがに街の様相は大きく変貌しています。阪神百貨店の南側にはまだ戦後の闇市の名残がありましたし、茶屋町エリアも民家が多く、下町然としていました。このあたりは再開発によってすっかり表情を失ってしまいましたが、そんな中でも往時と本質的に変わっていないのが、アーケード商店街の佇まいです。よくキタはミナミに比べて「他所（よそ）行きな感じがある」と言われますが、ことアーケード商店街に限っては、ミナミよりキタの方が下町的でカオティックかもしれません。その代表格が「阪急東通商店街」と「曽根崎お初天神通り商店街」です。飲食店やパチンコ店や風俗店が雑多に並び、店の栄枯盛衰も激しいこの2つの商店街、さらにその横道である路地界隈が「下町的なキタ」であり、お気に入りの鮨屋やお好み屋や居酒屋も、だいたいこの周辺にあります。中でも阪急東通商店街の「美舟」は、万博以前の大阪の風情をそのまま残し、かつソースダイバー的には「マヨネーズ普及以前のお好み焼の味」を今に伝える一軒として、貴重な存在です。

商店街ではありませんが、やはりキタにあって「浮いている」エリアが、「新梅田食道街」です。「食堂街」ではなく「食道街」というのが粋ですね。こちらはJR大阪駅東側の高架下に広がる一角ですが、「１９５０年に旧国鉄時代の施設関係の退職者に対する救済事業として設立された」と、ホームページにあります。くいだおれの大阪なら、素人ばかりでも飲食店ならできるのではないか。――なんともダイナミックな話ですが、ここにくるとそのような「街で生きることのダイナミズム」が直截的に感じられるので、いつも吸い寄せられるように立ち寄って

● 美舟

▶昭和 23 年（1948 年）創業の自分焼きの店。建物やテーブルなどは創業当時のまま現役（もうすぐ 70 年！）。２人掛けのテーブルが独特で、対面ではなく横並びのベンチシート。カップルには密着度も高くなるからいい塩梅。自分焼きとはいえアドバイスももらえる上に、お願いすれば焼いてくれる。腕に自信の無い方や写真を撮りたい方なら焼いてもらった方がいいだろう。

焼きは生地をよく混ぜ、広げすぎず厚くし過ぎず。じっくり極力触らずに返す。焼き加減も時折目配せしながら見てくれているので安心を。基本小皿も割り箸も出ないのは、「鉄板が皿でテコがお箸やから」と店主の船橋修治さん。つまりは熱々の鉄板でハフハフ言いながら食べてこそお好み、という姿勢なのだ。マヨネーズも「言われたら出すけどしゃあないな」とも。ゴツイめの生地にザクザク感あるキャベツが甘いお好みに、テリと粘りのあるソースをたっぷりと塗る。ソースは程良き酸味、甘みのバランス派で、メーカーや製法は秘密。「そんなん全部言わん方がええやろ」というご主人が厨房前の鉄板で焼いてくれる焼そばも外せない。プリンと跳ねるようなモチモチ太麺でソースの絡みもいい。何人ものご近所の常連さんらしき御仁たちが、ささっと食べて帰っていく。大箱居酒屋がひしめく界隈とは思えぬ街的情景だ。

戦後の建物が活きている
街場のお好みの情景がここに。

豚、牛肉、イカ、タコ、エビ（各 850 円）。油が染み込んだ鉄板も時代の証人だ。みつ豆クリーム（450 円）など甘党の品も。

阪急東通商店街のアーケードに今も残る昭和な店。焼そば 850 円はイカと豚入り。溶き卵にしてすき焼風にしてもまた旨い生卵赤玉は 100 円で。

大阪市北区小松原町 1-17
☎ 06-6361-2603
12:00 ～ 14:30、
18:00 ～ 22:00
不定休

しまう。旧くからの名店がいくつも、バリバリの現役で活躍する中、2階（つまり線路のすぐ下）にあるお好み屋の［きじ本店］では、現在は3代目がその味を守っています。

北新地でクラブやラウンジのホステスと同伴する場合の3大フードといえば、鮨・和食・肉料理。中でもステーキや鉄板焼は、供されるものが至ってシンプルであり、カウンターを挟んであれこれ我儘を言えるので、ベテランの殿方には人気が高い。［がるぼ］はそんな北新地に、尼崎から送り込まれた刺客です。牛スジや油かすを投入したお好み

● きじ本店

▶新梅田食道街の中でも行列必至の人気店。1階入口から階段を上がったところに店舗フロアがあり、電車の音が聞こえてくる。目の前の鉄板で次々と注文のお好み焼をこなしていくのを見ていると、ライブ感満点だ。

鶏ガラから丁寧にとったスープをダシにした生地は、定番の豚玉（680円）以外に小口切りの青ネギと牛スジがゴロゴロのすじ玉（850円）、厚めにスライスしたジャガイモを一度炒めてからのせたエビポテト（750円）など、多彩な具の旨みとの相性も良い。

もう一つの名物がもだん焼。通常は、お好み焼の生地にそばを入れるか、ソースで味付けしてのせるか、生地に小麦粉が入るのが常識のはず。ところがこちらは注文するとまずはキャベツ、豚肉、イカの細切りを炒めて、焼そばを作り、ソースで軽く味付けする。ここまでだと自分の注文の分か他のお客の焼そばかは不明。しかも注文が複数だと焼そばが山と盛られている状態。ボウルに卵2個分の卵を溶き、そこに焼そばを入れて絡めて鉄板上にザッと広げる。大きなテコでお好み焼の形にまとまったあたりでようやく我がもだん焼であると確認。その後、仕上げのソースをボテッと塗る。ツヤツヤで透明感あるそれからも甘くかぐわしき香りが広がって、一気に食欲メーターがレッドゾーンに突入だ。

JR大阪駅高架下の名店街の名物は、小麦粉不使用、卵生地のモダン焼。

もだん焼（770円）。こればっかりの常連さんも多いという。中太の麺に卵が一体化して、甘口のソースに馴染む。

1階の入口に人がいなくても階段で10人くらいが並ぶこともある。「お好み焼は本来語らいの場。気軽に話しかけてくださいね」と3代目大将の木地一平さん（右）。

大阪市北区角田町9-20
新梅田食道街1・2F
☎ 06-6361-5804
11:30～21:30
日曜休

焼は強いインパクトで、瞬く間に人気店として定着し、今ではすっかり「北新地の名店」となっています。

「大阪の玄関口」にあるこの３軒を渡り歩くだけでも、ソース文化におけるレイヤーの違いから、お好み焼が「地元料理」であることを感じることができるでしょう。

● がるぼ

▶「北新地で 20 年近く続けてこれてありがたいです」と店長の窪田勇樹さん。堂島船大工通の一角、煌びやかなネオン街のほど近くのモダンなデザインのお好み屋だ。サラリーマンも OL もホステスさんもおっさんも、ビールやハイボール、酎ハイをグイグイ飲んで、モリモリ食べて、皆ゴキゲンにやっている。元は尼崎ということで、油かすやアゴスジなど濃い味で魅惑のアテやお好みの具を取り揃える。２軒目以降に利用する客も多い。

アテの名作「あごすじ塩焼」は、牛のツラミの横、まさにアゴ近くに付くスジ。鉄板でニンニクとこんがり炒めたそれに甘辛いコチュジャンが添えてあり、お好みにつけて食べても旨い（というかいつもそうしている）。ソースは兵庫・篠山の七星ソースをベースに、フルーツを混ぜ込んだオリジナルブレンド。「甘めですがお好みの邪魔をしないんです」と窪田さん。他にも、ふわふわ卵の豚平焼（1,000 円）、イカ、油かす、アゴスジたっぷり入りの「がるぼ焼」（そば or うどんのモダン、1,580 円）など、飽きの来ない味と飽きさせないひねりを加えた料理たちが続々。そして居心地の良さが繁昌と長続きの秘訣なのだ。

夕暮れ時から深夜のシメまで、北新地の夜はここに任せろ。

厨房の鉄板できっちり仕上げて卓上鉄板に移動。マヨや青ノリの有無は確認してくれる。

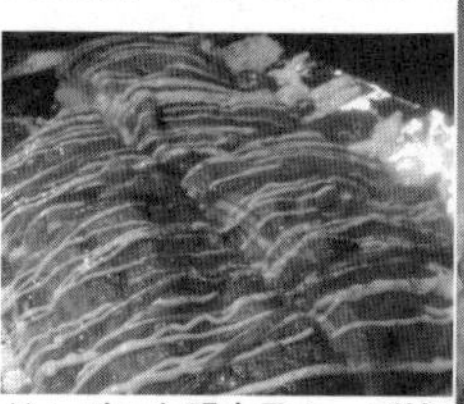

じゃがいも明太子チーズ焼は 700 円。

右はすじコン玉（850 円）。他に、油かす玉（850 円）、豚もちチーズ玉（1,350 円）なども。あごすじ塩焼（900 円）。

大阪市北区堂島 1-4-26
玉家ビル 1F
☎ 06-6343-1155
18:00 ～翌 4:00
日曜休

ミナミ

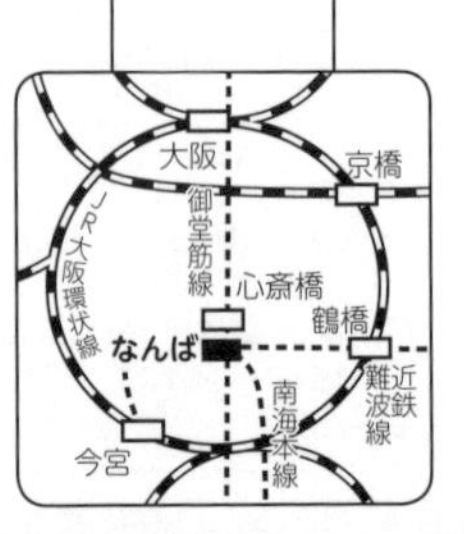

「笑い」というアース、そしてソース

大阪でガイドブック関係の仕事をしていると、東京の編集者の方から「キタとミナミって、それぞれどこからどこまでのエリアのことなんですか？」と聞かれることがよくあります。その度に、「どこからどこまで、ということではないんですよ」と、大阪の街の成り立ちについてお話しすることになるわけです。商いの中心としての「船場」がまずあって、そこから見て北側にある繁華街が「キタ」、南側にある繁華街が「ミナミ」である、と。都市としての大阪の発展が、船場を中心としていたことが、「キタ」と「ミナミ」に顕現しているのですね。一方で船場のエリアは、その境界を川によって明確に区切られていました。北は土佐堀川、南は長堀川、東は東横堀川、西は西横堀川。その範

囲内が「船場」です。現在では長堀川と西横堀川は存在しませんが、土佐堀川から北側が「キタ」、長堀通から南側が「ミナミ」という認識で、大きくは問題ないと思います。ただし商業集積地の心斎橋については、感覚的に船場と地続きであり、江戸時代に存在した新町遊廓（現在の西区新町界隈）と道頓堀の芝居小屋を結ぶストリートとして発展したため、大阪の人間は単に「心斎橋」としか呼びません。なので現在のミナミの中心はというと、道頓堀から千日前あたり、ということになります。

そんなミナミで「下町的な場所」といえば、なんといっても千日前です。慶長20年（１６１５年）の大坂夏の陣の後、この地は大阪でも最大規模の墓地となり、刑場や火葬場もありました。それが明治以降、墓地が阿倍野に移転し、刑場が廃止されることで、見世物小屋や寄席、芝居小屋が並ぶようになり、大阪の笑いの芸能がこの地から発達しました。「笑いの芸能というものは、生と死が混在する機会や場所を選んで演じられるもの」とは『大阪アースダイバー』に見られる記述ですが、長年この地に親しんでいると、その感覚は非常によくわかります。そして千日前は、ミナミにおけるお好み焼の聖地でもあります。思うに、「笑い」というのはその諧謔性も含め、人間にとっては大

地や自然と触れて「アースをとる」ような行為ですから、そこに食文化が寄り添うことは自然でしょう。ことにお好み焼は、静かに味わうというよりは会話とともにテコでつつく「開放系の食」ですから、「笑い」との親和性は極めて高いと言えます。

ミナミのお好み焼に独特の洗練があるのは、こうした街の成り立ちと無縁ではありません。自身の経験からも、中学時代に初めて［美津の］でお好み焼を食べたとき、店内のムードも手伝って、慣れ親しんだ西成の下町の味とはちょっと違う「お洒落さ」を強く感じたことを覚えています。高校から大学にかけてはミナミはもはや完全に「地元」で、かつて千日前の大劇ビル（現在のなんばオリエンタルホテル）の地

● 美津の　ミナミど真ん中にして洗練系、ミンチ肉が決め手の行列店。

▶千日前のアーケード内、［喫茶アメリカン］の向かいにあるモダンなビル店。今や国内外からの客も行列する名店だ。昭和20年（1945年）の創業から、「まぜて、のせて、焼いて」70余年であるが、ベタベタのミナミというより上品な浪花言葉が聞こえてくる洗練系のお好み焼が味わえる。粉を使わず山芋だけを 生地にして焼いた「山芋焼」（1,620円）や、写真の名物「美津の焼」が人気。美津の焼には豚、カキ（冬季以外はタコ）、エビ、イカ、貝柱が入る。ベースの生地の 軽快さに加え、豚ミンチがたっぷり入ることで肉の旨みがしっかり生地に伝わる。豚バラ肉には胡椒をふりかけ、返す前に一度、花鰹をのせることで、さらに旨みの多重奏を演出。目玉焼をつぶした卵で片面を覆い自家製ブレンドソースをたっぷり。その上からゆるめのカラシ、マヨネーズでのの字を書くように。色鮮やかで風味がぶわっと立ち上る。そこに青ノリ、ダメ押しとばかりに最後はソースを回しかけて出来上がり。見える部分だけでも「おいしくするための手間」をしっかりかける。その手順を逐一ライヴで楽しめるカウンター席を目指そう。

まぜ焼、洋食焼、各モダン、太めの甘い青ネギを長さ5センチほどにカットしてたっぷりのせたネギ焼や焼そば、一品料理もあり、お腹を空かせて行くしかない。

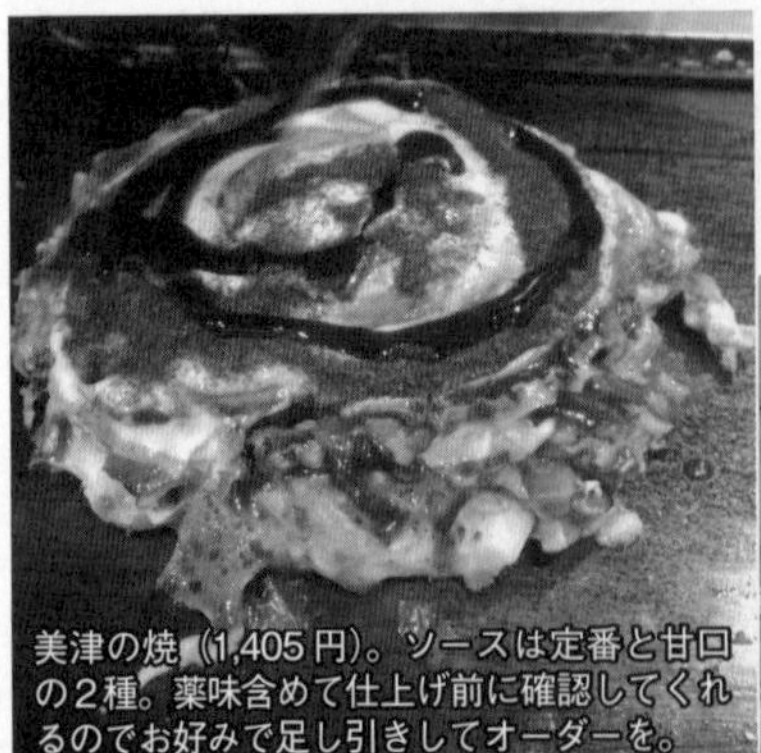

美津の焼（1,405円）。ソースは定番と甘口の2種。薬味含めて仕上げ前に確認してくれるのでお好みで足し引きしてオーダーを。

道頓堀ほど近くの立地で海外客も増えて行列が出来ることも多いが、意外に回転が早い。

大阪市中央区道頓堀 1-4-15
☎ 06-6212-6360
11:00 ～ 22:00（LO 21:00）
無休

下にあったジャズ喫茶「ジャズ やかた」（この店はＪＢＬのパラゴンでモダンジャズからフュージョンまでを幅広くかけていました）に入り浸っていたので、お好み焼からのジャズ喫茶（あるいはその逆）というのが、友人とであれデートであれお決まりのパターンでした。なので、人生で一番お好み焼を食べたのはあの頃だったのかもしれません。

　東西に走る千日前通からアーケードを南下すると、南海なんば駅へ向かう「なんば南海通」と、短いアーケードの「なんば千日前通」と、東西に分岐します。この「な

● おかる

▶昭和21年（1946年）創業、今やすっかりマヨネーズで絵を描いてくれるお好み店として定着。小袋入りのマヨネーズの端っこを切り、通天閣やビリケンさんをサササーッと描いてくれるのだから確かに楽しい。が、ちゃんと老舗の味、旨いお好みあってこそなのだ。

　水分の出方を考えた粗めのみじん切りキャベツは混ぜ系の基本。紅ショウガにネギ、そしてサクサクの正しき天カス、卵をきっちり混ぜる。混ぜ過ぎても混ぜが足りなくても、ふっくら仕上がらない。豚玉が王道だが、今回は６種類の具から好きなものを２つ選べる特上を。豚とイカの場合、イカは生地に混ぜ込み、雪のように白い脂が見事な上モノの豚バラはＵの字でほぼ生地を覆う。厚さ２センチほどの正円に調えてアルマイトのフタでキャップする。大黒ソースをベースにした甘辛２種のソースは、まず辛口を薄めに塗り、最後に甘口をぽってりとしっかり塗りつける。完璧なまでの生地とソースのバランス。甘辛のバランスも良く、甘口はお好みで気兼ねなく足せる。もちろんマヨネーズがなくとも充分旨い。

大阪市中央区千日前1-9-19
☎06-6211-0985
12:00～14:30、
17:00～22:00（LO 21:30）
木＆第３水曜休

特上（900円）。5種類の具（冬はカキも入って６種類の具）から３つの具が選べるスペシャルは1,200円。

（右）左手にはマヨの小袋。この後、通天閣と大阪の文字をものの数十秒で仕上げてくれた。

んば千日前通」は知る人ぞ知る街的名店ストリートで、居酒屋［竜田屋］、お好み焼［はつせ］、食堂［しみず］、お好み焼［千房］、焼肉［宝］、その向かい角の［信濃そば］と連なる流れは圧巻です。このうち［しみず］は2017年3月をもって惜しまれつつ営業を終えられましたが、いずれも所謂グルメ的な文脈で語られることのない＝鬱陶しい客が来ない店ばかりなので、ミナミで「なんぞ食おか」というときは、このあたりで食事をすることが多くなる。さらにアーケードを抜けて東へ進むと、500名のキャパを誇る宴会場と、元キャバレーの貸しホール［ユニバース］を擁する「味園ビル」の偉容が目に入ります。このあたりから堺筋を東に超えて「黒門市場」に至

はつせ

個室で完全自分焼き。臆せず焼けば分かるその旨さ。

▶「焼いたことある」と「美味しく焼ける」では天地の差があるのがお好み焼。昭和20年（1945年）創業のこちらでは、1～30名対応の大小35の個室を完備。お好みデートな世代から、髙島屋で買い物帰りにお好み行かへん？な昭和な奥様たち、昼からビールな自由な職業の人までが、思い思いの焼き方で楽しんでいる。せっかくなので1人カラオケならぬ1人お好みに挑戦。

多少腕に覚えがあるが、初心者用にきっちり12段階の手順を写真入りで解説したマニュアルをチラ見しながら焼いてみた。豚玉の場合、先に豚を炒めて一口大に切りよく混ぜて生地に戻す、てのがはつせ流。さらに特注ソースはウスターを先に薄く、仕上げにとろみのある甘口をたっぷり。粗みじん切りのキャベツ、紅ショウガに揚げ玉と、ネギ、卵。焼き上がった生地もしっかりで、ああ自分焼きの感じはこうやったなあ、と中学生くらいに街場で覚えた味が甦る。1人で腕を磨くのもいいけれど、やっぱり誰かと「ほうお前は豚を片面焼きしてのせるんか？」「生地の中に大きめのまま混ぜ込んだ方が旨いんや」などと時に他流試合のように言い合いながら、時には面倒見合って食べるのが断然旨いに決まっている。腕はさておき、お好みはそういう物だ。

ぶた玉は730円。ウスターはちょい辛め。甘口のソースは酸味控えめでバランス良い万能タイプ。

ビル2階で受付。個室に案内されて、インターホンで追加注文って、カラオケよりこっちが先。

大阪市中央区難波千日前11-25
☎06-6632-2267
11:30～23:00
（土・日・祝11:00～）
無休　※値段は税別

るルートも、その猥雑さも含め、ミナミらしいエネルギーが渦巻いています。そんな中で気を吐く［鉄板野郎］は出自こそ京都ですが、新しいミナミを代表する「ソースな店」として、覚えておきたい一軒です。

● 鉄板野郎　酒コンシャスな味とミナミなノリで満たされる鉄板酒場。

▶難波でも堺筋寄りのエリアで夜毎大賑わいな鉄板料理店。お好み焼の生地でポテサラとチーズを包んで焼いた「パイネ」とともに、２大名物とされるのが写真の「とん平」。豚バラスライスではなく豚バラの角煮入りだ。野菜と白ワインで炊いた角煮が絶妙に溶けていく。卵とくるんでいるトロロも名脇役。生地とソースとマヨネーズと角煮が絶妙に繋がれて混ざり合ううちに、口腔内の旨み充満度は200%以上に到達。その旨さの余韻だけでも生中ジョッキが軽く空くほどの威力だ。豚にも甘みがある上に、ベースがオタフクのソースはフルーティな仕上がり。「他にいろいろ入れてます」と店主のホッシーさん。

１人客のアテから気遣いからトークまで、軽妙だけど軽薄ではない、ミナミなノリが店を覆う。十勝牛のツラ刺しなど、ミナミの肉大王［肉匠 おか元］から仕入れる本気の肉アテたちも驚愕。ど定番の豚玉から、ニンニクと油かすの「アホカスネギ焼」（980円）など、きっちりお好みも用意。その上で「なんか作って」の一言で、変化球の返しが待っている。京都の同名店がご実家だけあって、足腰しっかりで「旨いに軸脚」を置いているからこその味。連夜のゴキゲンなフルスイングの連続は、ちょい飲みで終わらせないほど痛快な若き鉄板劇場なのだ。

スタッフのノリもオモロいのが基本で楽しい。１人でも巻き込まれていくのがミナミ的だ。

とん平（640円）とパイネ（550円）＋ネギ焼のおっさんセットは「3つ合わせて1,700円！どや！」。

大阪市中央区日本橋 2-5-20 2F
☎ 06-6643-9755
18:00～翌 2:00
火曜休

天満

激戦区に学ぶ、ローカルルールの豊穣

ここまで、キタとミナミという2大繁華街を歩いてきましたが、いよいよ本格的な下町へと歩を進めていきます。まずは天満です。ここではざっくり「天満」としていますが、エリア的にはJR天満駅を中心に、南は大阪天満宮界隈、北は地下鉄谷町線の天神橋筋六丁目駅界隈を指します。そのメインストリートは、1丁目から6丁目まで南北2・6キロと日本一の長さを誇るアーケード商店街、「天神橋筋商店街」です。菅原道眞ゆかりの大阪天満宮が存在することから、この商店街が門前町として発展したという歴史について連想することは容易いでしょう。江戸時代には、現在の西区にあった魚市場の「雑喉場（ざこば）」や「堂島米市場」と並んで「大坂3大市場」の一つである「天満青物市場」もあり、庶民的な活力によって大いに栄えました。この天満青物市場は、上方落語の「千両みかん」にも登場しますので、ぜひ大阪天満宮に隣接する落語の定席「天満天神繁昌亭」のスケジュールをチェックしてみてください。

私が天満に親しむようになったのは、まずは天五界隈の大衆鮨屋でした。［春駒］、［奴寿司総

本店」、「すし政中店」、「すし政東店」といった鮨屋は、地元の人たちがそれぞれに贔屓にする店が異なるほどに個性的でありながら、「とにかく安い」という点では共通していたので、大学時代には随分とお世話になりました。そこから東に向かった天満市場周辺の一角にある鰻の「天五屋」も当時は激安で有名で、市場で働く人向けに深夜から早朝にかけて営業していたため、遊び惚けた明け方にわざわざ行きました（現在は店の雰囲気も営業時間も変わっています）。この界隈は現在、若い店主たちによる飲食店が凌ぎを削る、大阪屈指の人気エリアになっています。

そんな天満とお好み焼の関係を語る上で欠かせないのが、今はなき名店の「天満 菊水」の存在です。２００９年に閉店されたようですが、ＪＲ天満駅から南にすぐの場所にあったこのお好み屋は地元では知らぬ人がいない人気店で、開店前からいつも行列ができていました。私は大学時代にこの近所に住む友人に連れて行ってもらったのですが、店内は中通路の両側に個室が並ぶ「自分焼き」の店にもかかわらず、ご主人がテーブルを回って焼き加減を完璧にコントロールするという、見たことのないスタイル。「焼いている間に少しでもお好み焼にさわると怒られる」ということでも有名で、「焼きすぎではないか…」と不安になるギリギリのタイミングでご主人が軽快に「はい、お待たせしました。さわってないですね。ではひっくり返しますね」と現れるのがとてもユーモラスで、それが何よりの楽しみでした。聞くと、もともとはお客さんに焼かせていたが、あまり上手ではない人もいたので「確

実においしく食べてもらえるように」と各テーブルをご主人がまわるようになった、ということでした。ドリンクメニューに小型ビールの「アサヒスタイニー」を置いていたのも、よく覚えています。お好み焼のために行列に並んだのはこの店が最初で最後ですが、それだけの価値があったのは、完璧な焼き加減とバランスのよい味もさることながら、ローカルルールの塊のようなこの店特有のスタイルが、とても心地良かったからです。[天満 菊水]は、今や下町のフォークロアになりましたが、「かつて、そのような店があった」という古層の積み重ねこそが、そのまま街の厚みになるのだと思います。

長大な商店街を擁するエリアだけにお好み屋の激戦区ですが、戦後ほどな

● ゆかり 天三店

▶［お好み焼ゆかり］のお初天神通りの本店は昭和25年（1950年）の創業だが、ここ天三店はオープンして16年。

純水加工のおいしい水、独自開発の粉で生地を作り、ソースはデミグラスソースをベースに完熟トマトをふんだんに用いた特製。新鮮なキャベツに、京都伝統野菜の九条ネギを店内手切りで提供する。マヨネーズまで健康植物油と新鮮なヨード卵の特注品だ。全品にそのヨード卵を使用して、そばの麺までヨード卵を入れた玉子麺。さらに豚肉はサツマイモとお茶のカテキンを飼料に配合して育った茶美豚。となればやはり定番の豚玉は外せない。細かいキャベツの生地を茶美豚のバラ肉2枚がきっちり覆う。慣れない方にもスタッフが4回返しでふっくら焼き上げてくれるので安心だ。厚みある生地も上質のパン用の小麦粉なのでサックリ軽快。

定番以外にも山芋＆明太マヨネーズの「天神焼」（1,380円）、九条ネギとヨード卵モリモリな「天三焼」（1,380円）と、天三店のオリジナルメニューを打ち出すなど、老舗は常に進化を続けている。

大阪市北区天神橋3-1-12
☎ 06-6353-1414
11:00 ～ 22:00（LO 21:00）
不定休

絶えず進化し続けている老舗だからこそ、定番から新作まで幅広い品揃え。

甘みほどほど酸味とフルーツ感強いソース、好みでマヨネーズ、青ノリ、鰹節をチョイス。豚玉（880円）。

3～4人なら重さ1キロ、直径約30センチのビッグサイズな「大阪城」なる名物にも挑みたい。4,400円。

く創業した老舗である［お好み焼 千草］は、今もしっかりと健在です。自分焼きが基本ですが、名物の「千草焼」はトンテキ並みの豚ロースのブ厚さゆえテクニックが必要なので、お店の方が焼いてくれます。キタの曽根崎お初天神通り商店街に本店を持つ［ゆかり天三店］も、本店とは異なるオリジナルメニューを揃え、天満の地にふさわしいポジションを築いた頼もしい存在です。

● お好み焼 千草

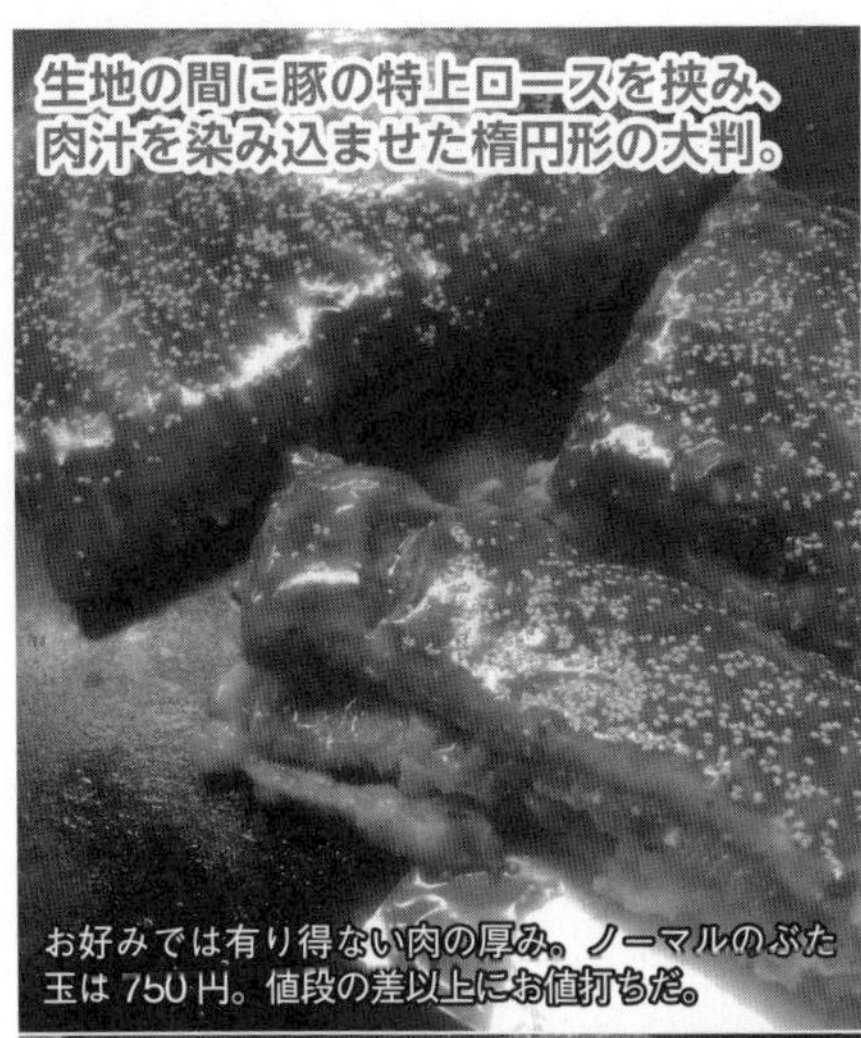
生地の間に豚の特上ロースを挟み、肉汁を染み込ませた楕円形の大判。

お好みでは有り得ない肉の厚み。ノーマルのぶた玉は750円。値段の差以上にお値打ちだ。

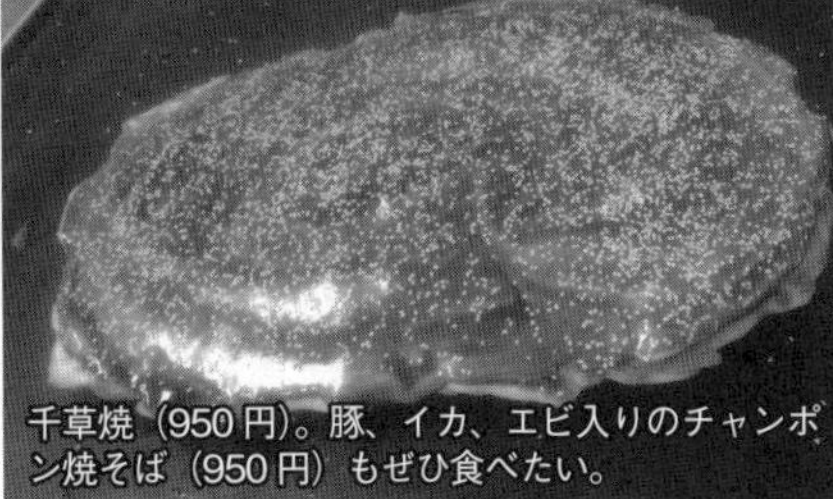
千草焼（950円）。豚、イカ、エビ入りのチャンポン焼そば（950円）もぜひ食べたい。

▶昭和24年（1949年）創業。天神橋筋商店街のアーケードから、ひょいと細い路地に入れば、確かに香るお好み焼とソースの匂い。基本は自分焼きの店なのだが、店名を掲げた「千草焼」のみ、店の方が全て焼いてくれる。楕円形に広げた混ぜ系の生地には鰹と豚骨のダシを用い、みじん切りのキャベツに小口切りの青ネギと紅ショウガ、天カスと卵を混ぜる。その上にトンテキ並みの特上ロース肉を一枚のせ、さらに土台とほぼ同量の生地をかぶせる。じっくりと蒸し焼きにされた肉から溶け出した肉汁が上下の生地に染み込んでいくわけ。マヨネーズ、ケチャップ、カラシをのせ、その上からハケで特製ソースをボテ〜ッと塗りつつ全体を混ぜ合わせる。最後に青ノリや鰹節でなく細かい粒々。コレはケシの実。香ばしさをプラスする千草焼のみの薬味。メーカー非公開、甘さ抑えめ酸味上々のソースは、中の肉の旨みや生地のダシの味わいまで押し上げてくれる。

大阪市北区天神橋4-11-18
☎ 06-6351-4072
11:00〜21:00（LO 20:50）
火曜＆不定休

西九条・千鳥橋

「トンネル」と「青天」の織り成す情景

「西九条」と聞いて、パッと街のイメージが思い浮かぶ人は少ないのではないでしょうか。今では「USJ（ユニバーサル・スタジオ・ジャパン）」に行くときの環状線の乗換駅」として、駅名こそ認知されるようになりましたが、何らかの理由でこの街で過ごしたことのない人間にとって、西九条は相当に謎に満ちた街かと思います。

この「西九条のわかりにくさ」は、安治川（あじがわ）を隔てたところが「西区の九条」で、地下鉄中央線の「九条駅」があることにも起因します。安治川は貞享（じょうきょう）元年（1684年）に河村瑞賢による治水事業の一環として開削されました（当時の呼称は新堀）が、このときに従来の九条島が二分されたことで、話がややこしくなった。あたかも「九条のすぐ西」のような顔をしながらその実、西九条は此花（このはな）区です。此花区は大正14年（1925年）に西区から分離して生まれた区ですので、この段階で完全に「九条」と「西九条」は分かたれたことになります（地図を見て確認してください）。2つの街の間は「安治川

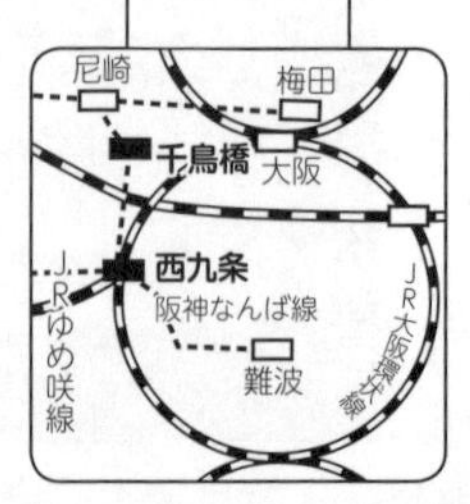

トンネル」で行き来せねばならないのですが、このトンネルがまた独特の空間ゆえ、時空を歪ませる効果を持っています。現在では阪神なんば線に乗れば「九条」と「西九条」は一駅なのですが、この阪神なんば線は２００９年に西九条～大阪難波が延伸、それまでは西九条は「陸の孤島」と呼ばれていました。その理由は、実際に駅界隈を歩けばすぐにわかります。南に安治川、北に六軒屋川が流れるため、どっちに歩いてもすぐに川が現れる。唯一の陸つながりはＪＲ環状線の高架沿いの道ですが、これはほどなくお隣の福島区となります。ゆえに西九条は、大阪湾岸の広大な工業エリアである此花区の「玄関口」でありこそはすれ、地理的には相当な僻地と言えるでしょう。なお蛇足かもですが、阪神なんば線で九条から西九条に向かう際の景観は、地下駅の九条から電車が地上に出て視界が開けた瞬間、安治川の「昭和のパノラマ」がグワッと広がるため、たまらなくブルースを感じてしまいます。夕日の時間を狙って、ぜひ一度体験してください。

そんな西九条のシンボルといえば、なんといっても「トンネル横丁」です。２０１６年に関西テレビで放送されたドラマシリーズ「大阪環状線 ひと駅ごとの愛物語」の西九条駅の回のタイトルは、「トンネル横丁の悪魔」で、そこではトンネル横丁と安治川トンネルが、まさしく「都会の魔境」として魅力的に描かれていました。トンネル横丁はＪＲ西九条駅ガード下の飲屋街ですが、現在のＵＳＪの場所に日立造船の桜島工場があり、その東側の「住友村」と呼ばれる「住友金属」や「住友電工」、「住友化学」に、大量のワーカーがいた頃——重工業が元

気だった高度経済成長期の話です――には、大いに賑わいました。当時の桜島線（ＪＲゆめ咲線）は通勤時間はワーカーしか乗っていなかったため、窓を開けると煙草の煙がもくもくと立ち上っていた、と日立造船に勤める街の先輩が語っていたことを覚えています。そうした人たちが、工場でのハードデイズを機嫌よく過ごすための場所として、トンネル横丁は重要な役割を果たしていたのでした。

現在も西九条には、ガード下や駅前を中心に飲食店が数多くありますが、ワーカーが減った分、往時ほどの賑わいはありません。しかし相変わらず「安く飲み食いできる街」ですので、近隣の若者でやたらと盛り上がっている日もあります。環状線は福島

● おりがみ

▶2015年1月にオープンしたお好み焼と鉄板料理の店。ママさんが千鳥橋の出身で青豆入りの天ぷら（青豆天）を置いている。「四貫島の仕出し屋さんが作ってくれる青豆の天ぷらが地元の味です。私もこの味を食べて育った。他のお店もみな同じ天ぷらを使ってるんですよ」と聞いて、迷わず豚玉に青豆天を追加することに。

千切りキャベツの混ぜ焼き生地に、手のひらサイズの天ぷらを割り入れる。広島焼のイカ天と同じ感じだが、この店の場合、揚げ玉が生地の全面を覆い、その上からさらに青豆天なのだ。揚げ玉はサクサク感を維持したまま焼き上がり、青豆天の衣はしっとりとほぐれて本来の天カスの役割に回る。この２種類の油分と豆の香りが重なることで、グイグイ食欲が加速する。

大阪以外のメーカーのソースをブレンドするというちょい甘口のソースがさらに食欲をそそる。焼そばには一味入りのウスターで、両方を対比させて味わうのも良い。取材当日の焼き手は、某有名チェーン店でバイト経験のあるバンドマン、THE JEAN GENIESのヴォーカルのteppeiくんでした。

大阪市此花区西九条3-16-30
☎ 06-6464-2770
17:00～22:30
（土・日・祝12:00～15:00、16:30～21:30）
月曜休（祝日の場合営業火曜休）

環状線高架下のサクサク生地に、香り高き千鳥橋の青豆天入り。

豚玉（700円）に150円の豆天をプラスして。そば入りのモダン焼は200円増しに。

ミックス玉（1,100円）には、ママがオススメする青豆の天ぷらが入る。

駅、野田駅と順にガード下や路地の飲食店が盛り上がってきていますので、西九条にもその余波が訪れているのでしょうか。新しい店もちらほらと増えてきており、「おりがみ」はそんな中の一軒です。この店も千鳥橋の「あたりや」も青豆の天ぷら、略して「青天」を入れるのがローカルスタイルなのですが、いずれも「青天」を四貫島の仕出屋から仕入れているそう。そして千鳥橋から阪神なんば線で北へ一駅の伝法は、明治45年（１９１２年）にイカリソース（当時の屋号は山城屋）が工場を構えた場所で、ソースとのご縁も深い土地柄です。そうした街で、オリジナルなスタイルのお好み焼が生まれて楽しまれ続けていることは、やはりソースの手柄なのでしょう。

● あたりや

▶ここのお好み焼は薄く引いた生地の上にキャベツやそばをのせるベタ焼。天ぷら入りの場合はその上から中央に青豆天をのせる。この青豆天、衣の部分が天カスのように生地に甘みを与え、豆の香ばしさとホクホク感が食べている途中で店名通り「あたりや」となる。豚などの肉類はその上からのせて返す。

卓上のソースは１種類。女将さん曰く「メーカーは一応秘密やねんけどなあ。でも古くからのお客さんは皆知ってる」というもののボトルで分かる大黒ソースのお好み用。キャベツや天ぷらの甘みや豆の風味をくっきりと浮き上がらせるソースだ。

マヨネーズは、20円で冷蔵庫から大型チューブを取り出してセルフでブチューッとかけさせてくれる。地元のマヨネーズ好きの客たちは盛大にブチューッと２～３周させている。「焼きそばと豚玉に青天ダブルで」なんてやってた地元の屈強そうな兄ちゃんたちは胡椒を振っていた。なるほどソースマヨの味をキリリと締めてくれる。

関ジャニの横山クンが地元で行きつけだそうで、テレビのロケでも来たらしい。きっとエエやつやな。

大阪市此花区高見 2-4-16
☎ 06-6463-2037
11:00 ～ 15:00、16:00 ～ 19:00
水曜＆第２・４日曜休

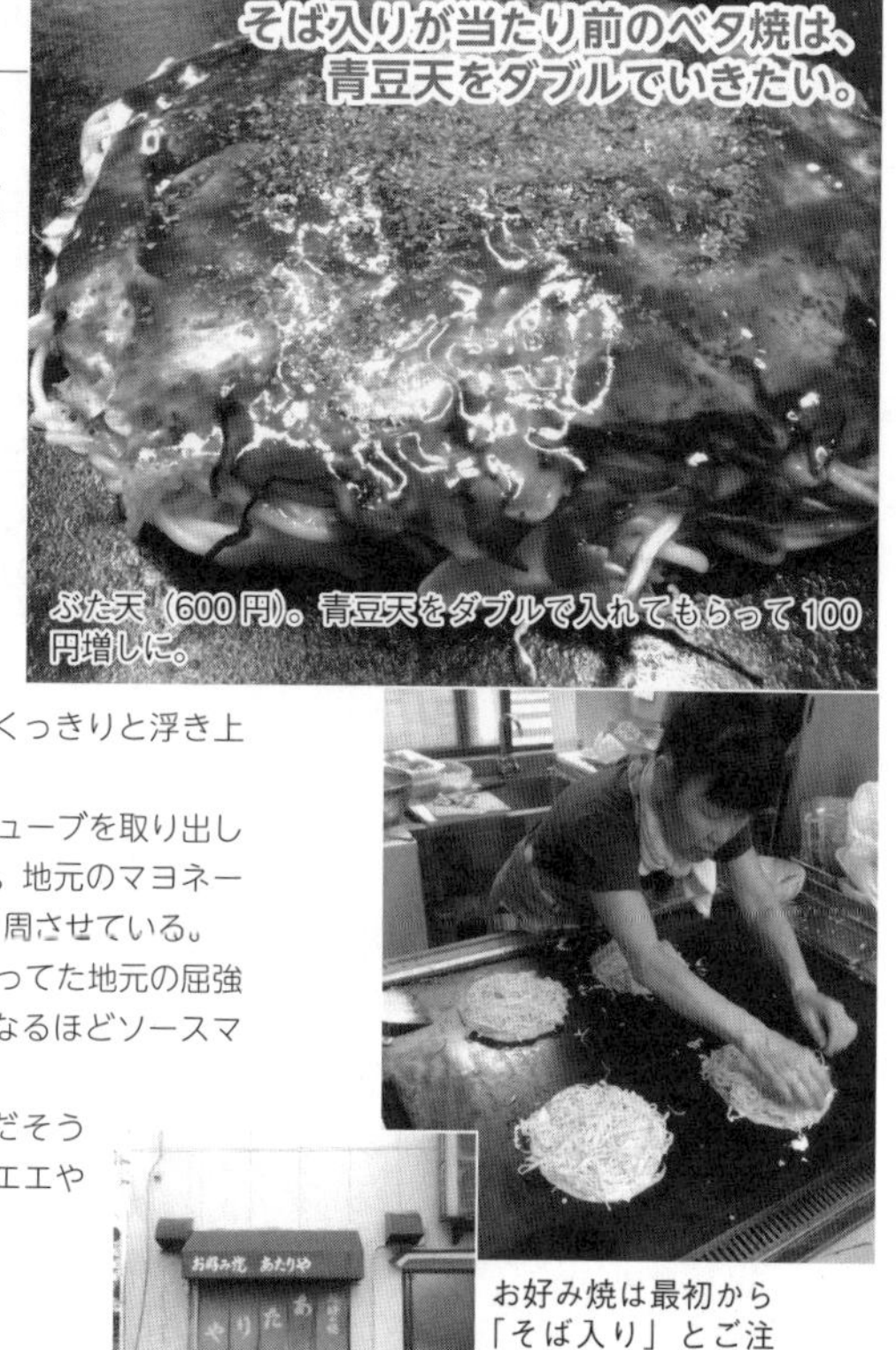

そば入りが当たり前のベタ焼は、
青豆天をダブルでいきたい。
お好み焼　あたりや

ぶた天（600円）。青豆天をダブルで入れてもらって100円増しに。

お好み焼は最初から「そば入り」とご注文を。焼そばにも青豆天をぜひとも入れたい。

鶴橋・桃谷

焼肉のタレから、ソースの魅力を考える

おそらくは日本全国で一番、降り立った時の「匂い」が強烈な駅は「鶴橋」でしょう。ことに近鉄大阪線の鶴橋駅は、そのホームの下が鶴橋商店街で、焼肉屋や韓国料理屋やキムチ屋が凄まじい密度で並んでおり、そこから立ち昇った匂いがホームに充満。車内で居眠りをしていても、鶴橋駅で扉が開くと「あー鶴橋かー」と気がつくレベルです。焼肉のタレが焦げた香ばしい匂いは、否が応でも食欲をそそります。今では焼肉激戦区として全国的に有名な鶴橋ですが、一度でも訪れた者には、焼肉のタレの焦げた匂いとともにそのエネルギーに満ちた光景――それは戦後の闇市の面影を残すものです――が、心に刻み込まれていることでしょう。

　そこに、ソースの付け入る隙はありません。こと「焦げたときの匂い」に関しては、焼肉のタレとソースでは、圧倒的にインパクトが違います。

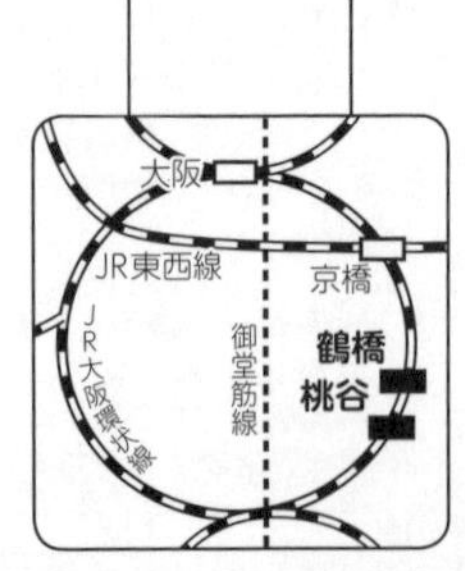

醤油とニンニクがガツン、と鼻腔の奥まで到達する焼肉のタレに比して、ソースのそれはスパイスが複雑に絡みあって「たおやかな空気」を醸し出すものであり、主張は随分と控えめです。そして、そんな「脇役感」こそが、ソースの魅力なのだと思います。

鶴橋から大阪環状線で一駅の桃谷は、その駅前こそ普通の商店街ですが、アーケードを東に抜け、通称「ソカイ道路（正式には市道豊里矢田線）」を北上するとほどなく御幸森天神宮（みゆきもりてんじんぐう）が現れ、そこから東に向かってコリアタウンの「御幸森商店街」が広がっています。私がこのあたりをよく訪れていた１９９０年代初頭は、まだ「焼肉屋やキムチ屋が多い通り」ぐらいの感じでしたが、今では立派な楼門があり、トルハルバン（済州島でよく見られる石像の守護神）やチャンスン（韓国全土にあるトーテムポール的な守護神）が並び、観光地としての色合いを濃くしています。楼門が建てられたのは１９９３年のことですが、その後、日韓共同開催と

なった2002年のFIFAワールドカップや、ドラマ「冬のソナタ」あたりからの韓流ブームの影響で、観光客が多く訪れるようになっています。

そうした中でも、ソース文化はしっかりと根を張っています。今でこそキムチ入りのお好み焼は珍しくはありませんが、私が初めて食べたのは桃谷にあった「桃太郎」でした（現在は東成区新深江に移転）。そしてキムチ以上に驚いたのは、ジャガイモを入れていたこと。このときは心底「やられた」、と思いましたね。下町のお好み屋では、夏場はかき氷、冬場は関東煮（かんとだき）（おでん）がサイドメニューに上るのですが、そこにあるジャガイモを

● 小池

▶ミックスのお好みにイモ入りを注文すると、粗めのみじん切りにしたキャベツにあっさりめの生地、茹でたジャガイモとイカなどの具をのせて、揚げ玉と紅ショウガを散らす。つなぎの生地をたらして返して、じっくり生地にもジャガイモにも旨みを吸わせるように焼き上げる。ふっくらした上からかけるのはタカワソース。「昔、お客さんにおでんのジャガイモを入れて欲しいって言われたんが始まり。今は別に茹でてるけどね」とお母さん。ホクホクに仕上げるには品種だけでなく下ごしらえにも秘密があった。皮付きのジャガイモを水から1時間ほど茹でて、まだ熱いうちに皮を剥く。自然に冷ますことで甘くほっこりとした独特の味わいとなるのだ。仕上げにソースとマヨネーズをかけることで、旨みをがっしりたたえたジャガイモの味わいと相まって、ソースをかけたポテサラの旨さにも寄っていく。仕上げにも紅ショウガを散らすのは小池スタイル。ビールにも合うのは当然か。焼そばにもイモを入れると、ソースの香ばしさが増してひと味違ったおいしさに。いずれにせよ腹パンな結果に。

大阪市生野区桃谷 3-4-7
☎ 06-6741-7522
12:00 ～ 16:00
日・祝休

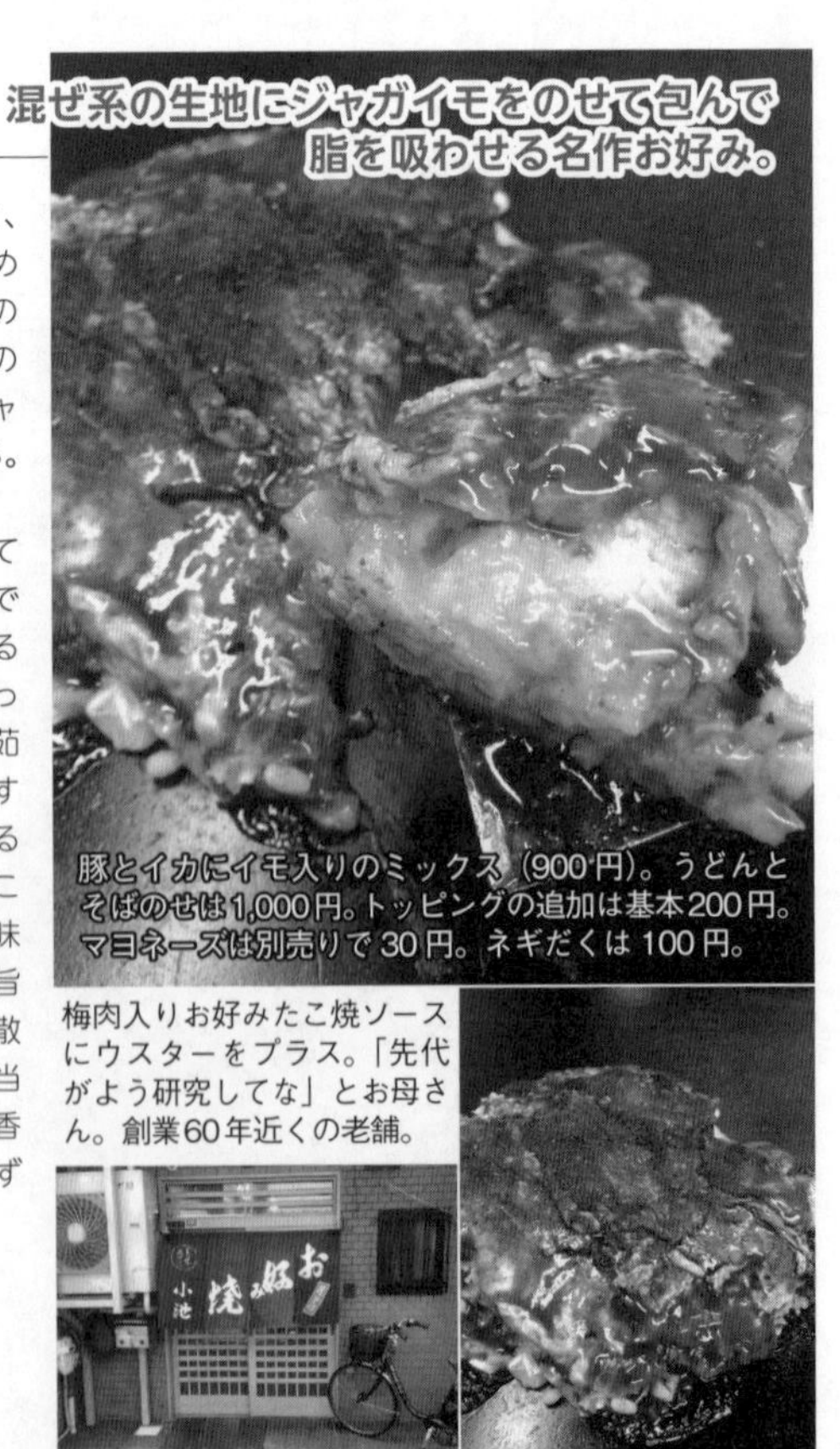

混ぜ系の生地にジャガイモをのせて包んで脂を吸わせる名作お好み。

豚とイカにイモ入りのミックス（900円）。うどんとそばのせは1,000円。トッピングの追加は基本200円。マヨネーズは別売りで30円。ネギだくは100円。

梅肉入りお好みたこ焼ソースにウスターをプラス。「先代がよう研究してな」とお母さん。創業60年近くの老舗。

お好み焼に入れるという発想は、往時の西成にはなかった。
そしてソースにも、キムチの主張に負けないコクがある。「地元料理」としてのお好み焼を知る上で、鶴橋・桃谷の存在は、やはり欠かせないものだと考えます。

● オモニ

30種類のオレ流トッピングが圧巻。何でも好きなもん入れたらエエねん。

豚、スジ、イモ、ゲソ天、キムチ、玉子が入る「赤井英和スペシャル」は1,500円。

桃谷の本店と梅田のグランフロント店、ミナミの宗右衛門町店を、息子さん＆娘さん４人が切り盛り。

▶おでん各100円（タコ200円）やスジ塩焼（850円）などをアテに待ちつつ「今日はどんな具入れたろかいな」と思案するのが楽しい。というのも、豚、イカ、エビ、ホタテ、スジ、油かす、ゲソ天、ジャガイモや練り物など、好きな具をトッピングできるお好み焼そのもののスタイルがこの店の名物。著名人たちも多く訪れ、食べた組み合わせや作り方がそのままメニュー名に。例えば「田中康夫スペシャル」なら洋食焼のように生地を敷いて、豚、イカ、ホタテ、油かす、モヤシ、キムチ、玉子などの具をのせるという具合。細切りのキャベツに混ぜ系生地、その上に次々具をうず高く盛っていくので厚みがスゴイ。通常の混ぜ焼きの10倍近くの厚さを抑え込みながらヨイショッと返す技がお見事。それでも意外に軽々完食。どこに生地があるのか分からないくらいキャベツや具が多いのがライトに感じる由縁。自分の苦労話もワハハと笑い飛ばすオモニの明るさと山盛りのお好みで、モリモリ元気に。

大阪市生野区桃谷3-3-2
☎ 06-6717-0094
11:30～23:00
月曜休（8月は月･火曜休）

今里

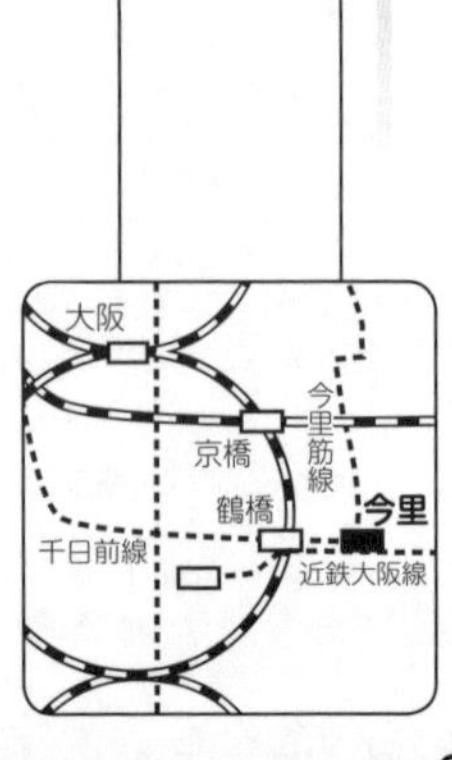

新地とコリア文化が交わる場所

大阪市内も今里あたりまで来ると、河内エリアの東大阪にぐっと近くなります。上町台地の東側は生駒山麓との親和性が高く、もともとは河内湾～河内湖として陸地が広がっていき、大阪平野を形作っていた。今里エリアはキタやミナミより早くに陸地となり、平安時代には荘園として管理されていたようです。現在、「今里」の地名は東成区と生野区に跨っていますが、その中心は国道308号線と千日前通、今里筋が交錯する巨大な五叉路（ごさろ）の「今里交差点」。かつてここはロータリー交差点であり、「今里ロータリー」と呼ばれていました。しかし交通量があまりにも多くなり、歩車の分離が困難であるとの理由から、昭和30年（1955年）にロータリーが撤去されて信号が設置されました。現在も初めてこの交差点に車で入った人は、どの信号を見てどこに向かえばいいのか、戸惑うのではないでしょうか。

この今里交差点を今里筋沿いに北に200メートルほど進むと、東側に「暗越奈良街道石碑（くらがりごえならかいどうせきひ）」があります。暗越奈良街道は奈良時代に設置された街道で、大坂の難波から暗峠（くらがりとうげ）を越えて平城京を結んでいました。江戸時代には参勤交代のルートでもあり、1986年には「日本の道

１００選」にも選定されています（たまたま取材時にこの石碑を見つけました。ラッキー）。そのすぐ北側から始まるアーケード「今里新道商店街（東成しんみちロード）」は名前を変えながらも東に1キロ延々と続く、マニアにはたまらない昭和なアーケード商店街です。

　本書では鶴橋や桃谷の延長としての今里、すなわち生野区側の「新今里」を掘り下げていきましょう。とはいえ、生野区は昭和18年（１９４３年）に東成区から分離した区ですので、新今里ももともとは東成区であったのですが。そして「新今里」という表記で、勘の良い方であればそこに「新地」の存在を勝手に見出すことでしょう。正解です。近鉄今里駅から南に４００メートルほど進んだところにある「今里新地」は、かつて飛田・松島・信太山（しのだやま）・滝井と並んで「大阪五新地」として、大いに賑わいました。現在もその面影を残す一角がありますが、住宅街に馴染んでいることもあり、花街の規模としては飛田や松島ほどのものではありません。大阪の夏の訪れを告げる「愛染まつり」は、花街の芸妓による宝恵駕籠（ほえかご）

が名物ですが、かつては今里新地の芸妓さんが駕籠に乗っていたそうです。「愛染まつり」が行われるのは天王寺区にあるお寺・愛染堂勝鬘院（あいぜんどうしょうまんいん）ですから、お寺さんと花街という「アースダイバー的な関係」が、そこに見られます。

さて、ソースダイバー的に重要なことは、このエリアが平野川を隔ててコリアタウンと「地続き」であったということです。ゆえに新地に付き物の大阪の「ごっつぉ文化」も、この今里で、大きく花開いています。

近鉄今里駅前は、一見すると大きな特徴のない駅前の商店街ですが、今里新地に向かって歩いて行くと、徐々に「ごっつぉ」の気配が満ちてきます。

まず注目すべきは、「ごっつぉ文化」の最高峰であるてっちり屋の多さでしょう。私のご贔屓は新今里公園の南西にある「ふぐ太郎」ですが、「あじ平」、「やまいち」、「ふぐ旬席 とげさん」、鮨とすっぽんも名物の「花かご」と、それぞれにファンの多い名店が点在します。どの店もミナミやキタと較べると格段に安いので、てっちり目当てでわざわざ出向く価値は充分にあると言えるでしょう。また焼肉屋や韓国料理屋も数多く、このあたりはコリアタウンからの流れですね。また駅のほど近くにある鉄板焼ステーキの「今里」、こちらも格安でステーキが楽しめるので、ミナミからタクシーを飛ばす客も大勢います…と、ついお好み焼を離れてエキサイトしてしまいましたが、個人的には「大阪五新地」のうち、味に関しては今里がブッチギリのトップにあるということを、強調しておきたかったのです。

そんな今里ですので、お好み屋も多数存在しますが、本書では今里筋を越えて西側にある「さとみ」をご紹介しておきましょう。先にコリアタウンと「地続き」と書きましたが、お好み焼のスタイルも平野川を隔てているものの「地続き」で、ジャガイモを入れるのがアタリマエ。生野のお好み屋の全てがジャガイモを入れるスタイルだというわけではありませんが、「小池」の影響はこのあたりまで届いているという事実に、旨いお好み焼を求めて歩く「地元の伝道者」たちの存在を、感じずにいられません。

さとみ

ジャガイモだけじゃ終わらないおでんに餅、
エビの天ぷらまで盛り込むお好み。

ベースのお好み焼 460 円にトッピングしていくスタイル。スジ、イモ、エビ天入りで 1,050 円。モダン 610 円。

▶おでんのジャガイモをお好み焼に入れ始めたのは、おそらく鶴橋の［小池］が最初というのが有力な説だが、そこから東に平野川を渡り、今里筋近くのこの店でもジャガイモ入りが主力。鶴橋～桃谷、今里、生野全域で「お好み焼にはジャガイモを入れたい」という地元民が溢れていたのか、このあたりのたいていのお好み屋はジャガイモ入りはもちろん、おでんの練り物まで入れる店も多い。

こちらではみっちりと密度の高い男爵系のジャガイモをゴロゴロと入れる。煮崩れしない分、昆布・鰹ダシを入れた混ぜ系の生地にのせて焼いても存在感がしっかり。だからポテサラ的な味わいの［小池］などの店とは違って、おでんダシの雰囲気が出ているのが特色だ。おすすめの牛スジに至っては、おでんのダシとワイン、ショウガを加えた独自の手間をかけている。「具におでんの味が入ることが多いので、ソースはあっさり味で丁度いいんです」と福永浩子さん。お母さんの里美千代美さんとお姉さんの里美 京さん、浩子さんが営む家族店。ソースは「父の頃には今の星トンボソースになってました」。口当たり良いまろやかなソースだから、平天や厚揚げなんてのをお好みに入れても対応できるのだ。平天やこんにゃくあたりならその味は想像しやすいが、スパイシーミンチやれんこん天（各 130 円）など、チャレンジ欲がかき立てられるネタもあり。

大きなテコでジャガイモをカット。牛スジもゴロゴロ。7 品も具が入ったデラックスなさとみ焼きは 1,500 円。

大阪市生野区中川西 2-18-4
☎ 06-6731-4416
11:30 ～ 24:00
水曜休

布施

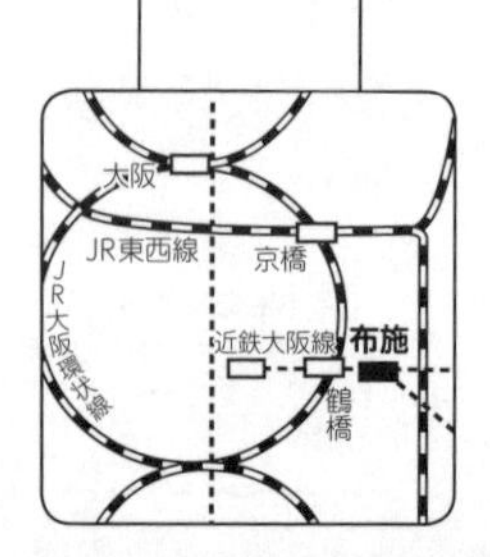

アーケードとガード下の織り成すおいしい風景

近鉄今里駅から一駅奈良寄りにある布施駅、ここからは東大阪市です。その東大阪市は昭和42年（1967年）に布施市、河内市、枚岡市の三つの市が合併したものですが、合併の結果、布施はその名を駅名にのみ残すことになり、「地名としての布施」は存在しなくなりました。

かつての「布施市」がいかに広いエリアであったかを知るには、地図を広げて「布施」を冠するところの東大阪市立布施中学校、大阪府立布施高等学校、大阪府立布施北高等学校、大阪府立布施工科高等学校の位置を確認するといいでしょう。それぞれかなり離れた場所にあることから、「布施市」は大阪市との境界から、大阪府道2号大阪中央環状線のあたりまでのエリアに広がっていたことが窺えます。また電話番号については、旧布施市は市外局番が「06」のエリアであったため、大阪市内の人間からすると「バリバリの河内」である八戸ノ里駅周辺までが「06」であることに、驚いたことがあります。以上より、現在は「布施」というと、近鉄の布施駅周辺を指すことになります。

私が初めて布施駅を訪れたのは、電車ではなく徒歩でした。高校3年のとき（1978年）に、生野区の巽東（たつみひがし）にある大阪府立勝山高等学校に行く機会があり、その帰りに友人たちとあれこれと語りながら歩いていると、布施駅に辿り着いた。距離は1・5キロほどでしたが存外に近く感じたので、その時のイメージも手伝って、私の中では布施は、ぼんやりと「生野区の延長」として位置付けられました。またちょうどこの時、布施駅は完全に高架化されており（近鉄大阪線と近鉄奈良線が二層で高架になっているのがユニーク）、その高架下は近鉄百貨店になっていましたので、「これはなかなかの街ではないか」と感服したのでした（どうせ布施なんて田舎だろう、とナメていたのですね）。それ以降、布施は私にとって「エエ街」の一つに、しっかりと登録されました。

そんな布施駅の西北側にある「ブランドーリふせ」は、脱力系のネーミングも含め、やはり昭和の面影を今に伝える、典型的な「下町のアーケード商店街」です。ここでの私の一番のお目当ては、なんといっても「すし富」。商店街を少し進んだところにありますが、屋台からスタートして現在は威風堂々とした暖簾を掲げ

ている、理想的な下町の鮨屋です。平日は夕方の4時から店をあけており、予約ができないため、ここに行く時は覚悟を決めて仕事を早く終え、オープンと同時にカウンターに座るのでした。

そして布施名物といえば、アーケードを西に入ったスナック街——このあたりもムード抜群です——の一角にあるストリップ「晃生ショー劇場」です。ひところは大阪市内のあちこちにあったストリップ劇場ですが、かの「十三ミュージック」が失われたことで、今も現役で営業しているストリップ劇場は、大阪では天満の「東洋ショー劇場」と布施の「晃生ショー劇場」の2軒のみ。それがほかならぬ布施にあるということは、いろんな意味でこの街が「晃生ショー劇場」を支えている、という現実があるのだと思います。私自身は中に入ったことはありませんが、長年このあたりに住んでいた友人曰く、「晃生ショーは地元の誇りやで」とのことで、こういう発言に私は、下町のエートスを強く感じるのです。

ではお好み屋に向かいましょう。布施駅から一つ東の駅、河内永和までの高架下の北側は「ポッポアベニュー」という、やはり強力な脱力系ネーミングのガード下商店街なのですが、これを東に進んでいくと「布施風月本店」があります。お好み焼の「風月」といえば、全国各地で多くの店舗を展開する「鶴橋風月」が有名ですが、そのルーツはかつて天満に

あった［風月］。［布施風月本店］はその天満からのダイレクトな暖簾分けで、家族経営による風月創業当時の味を受け継ぐ店として、お好み焼業界でも一目置かれる存在です。テーブルに鉄板があるので「自分焼き」の店かと思うかもしれませんが、ここではお店の方が各テーブルで焼いてくれます。たっぷりのキャベツを少ない生地で纏め上げるお好み焼は、「外はカリッと、中はふんわり」というシロウト丸出しの紋切り型のフレーズを全く受け付けないもので、オリジナルのソースと相まって、プロの技の凄みというものに深く感じ入ることになるはずです。

● 布施風月本店

▶［風月］の歴史については江 弘毅氏の『いっとかなあかん店 大阪』(140B) に詳しい。源流の［風月］は昭和 25 年（1950 年）に天満で創業、鶴橋、千林、布施と創業者の兄弟が暖簾分けされたそうだ。こちらはその一角であり、今も創業者の辻さんからの味を受け継いでいる。

創業者の甥である辻 昇さんがメーカーに特注するソースは、フルーツ感たっぷりの甘口と、スパイスとフルーツ感のバランスのとれた辛口のウスター２種。細切りキャベツをほんの少しの生地で繋いでいる。「この方がふっくら仕上がるんです。キャベツ本来の甘みも分かる」。さらに「元々、天満で風月を立ち上げた時はパン屋出身だったこともあり、ケーキのようなふんわりしたものを目指した」らしい。試作当時にはバニラビーンズを使ったり、ケーキ用の軽い粉だけで生地を練っていたなど、その時代にしてはかなり前衛的。今や混ぜ系の店は全て、ふんわり生地を目指しているようにも思えるが、これが起源なのかもしれない。意外にも布施の高架下で、そんな風に感じられる味が、活き活きと支持されているのだから面白い。

少量生地の混ぜ系ふんわりお好みは
ここが始まりだ。

刻んだ豚肉を混ぜ込む豚玉（702 円）にスジコン（334 円）をトッピング。ソースのボトルは3穴。

自家製麺の茹で立てを使って、辻さんが厨房の鉄板で仕上げる焼そばも定評あり。豚肉・イカ入り 702 円。

大阪府東大阪市長堂 3-1-1-21
☎ 06-7172-0486
11:30 〜 14:00、17:00 〜 21:00
火曜休

岸里・玉出

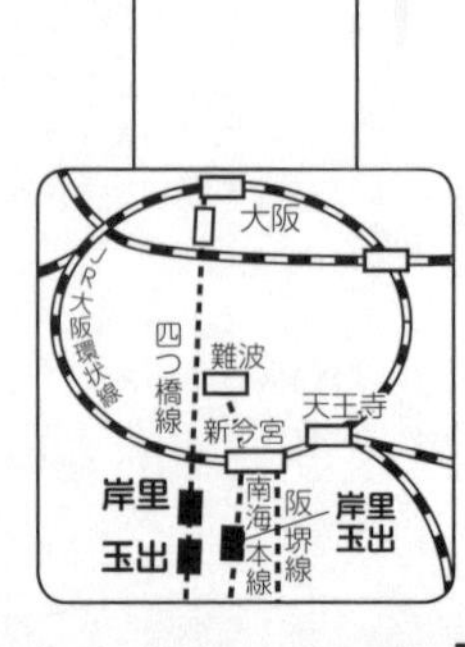

西成の中心部の、ソース世界を歩く

大阪・西成というと、JR大阪環状線の新今宮駅の南側に広がる釜ヶ崎エリア（あいりん地区）のイメージがあまりにも強烈すぎるせいか、「汚い、コワい、ガラが悪い」を言い換えた「ディープな街」として片付けられることが多いようです。しかし実際には、現在の釜ヶ崎エリアはシニア&介護施設と外国人バックパッカーの街であり、エリア内の人口もかなり減っているため街全体に活気がないことも手伝って、ひところのような物騒な感じはありません。

その一方で、新今宮駅北側の広大な市有地の再開発を星野リゾートが落札し、新たなホテルが2022年に開業予定という明るい話題もあります。ここに至る背景には、2012年に西成特区構想担当として大阪市の特別顧問に就任した、学習院大学の鈴木亘教授らの尽力もあったようです。その詳細については、鈴木氏の著書『経済学者 日本の最貧困地域に挑む』（東洋経済新報社、2016年）に詳しいので、興味のある方はお読みください（鈴木氏の取り組みについては、西成の理髪店での世間話として耳にしていました）。西成特区構想そのものについては、橋下 徹市長（当時）の「打ち上げ花火」のようなところがあったのであまり感心しませんでしたが、概ね「結果オーライ」な流れになったわけで、実に喜ばしいことだと思います。
そんな西成の、私にとっての「地元のお好み屋」は、すでに全て姿を消しています。が、かなり前に書いた文章に、その雰囲気を伝えるものがありましたので、ここに抜粋して再録します。掲載されたのは『お好み焼読本２００３』という、雑誌『ミーツ・リージョナル』（京阪神エルマガジン社）の２００２年2月号の「関西お好み焼き世界。」という特集の一部を抜粋し加筆・編集した冊子です（オタフクソースがスポンサーでした）。

飛田の大門の正面に「みのとく」というお好み焼屋があった。ここは自分にとって唯一、よそいき気分でありながら、思い入れが強かった店である。「よそいき」との表現はこの場合、正確でないかも知れない。いわば鮨やてっちりを食うような感覚、「ごっつぉ」を食う感覚で訪れた店であったため、記憶に残っているのであろう。カウンターのみの店は油だらけで、壁が飴色にくすみ、奥に進むためには手前に座る客がイスをグッと前に寄せないといけないぐらいに狭かった。僕がこ

こに行くのは、夜の中途半端な時間に親父から電話があり、「お前らも来い」と呼ばれた時である。店に行くと、酒を飲まない親父が既に『肉入り』を食べている。牛肉が豪快に入ったこのメニューが、「みのとく」の真骨頂であった。値段も当時にしてはかなり高かったと記憶するが、自分で払ったことがないのでハッキリとは覚えていない。細くて頼りなげな亭主が、パンパンに太って根性の悪そうなオカンにグチられながら、淡々と旨いお好みを焼いていた。営業は場所柄夜のみ。下町のステーキ屋といったその風情は、なぜか壁に貼られたルー・テーズ（「鉄人」と讃えられた不世出のプロレスラー）の写真とともに、僕にとっては「大人の店」として記憶に焼き付けられている。現に当時、自分と兄貴以外に、その店でお好み焼を食っている子供の姿を見かけたことはない。

いつかは自分もこの店に自腹で来ることになって、それが大人になるということなのだろう……と、小学生の当時、おぼろげに考えていた。しかしその思いは果たせないまま、こんな仕事をして、「似たような店」を探している自分がいるのである。

――14年前の文章なのに、言ってることは今とあまり変わっていませんね。人間というのは、たいして成長しないものです（ほんとに）。実は本書の冒頭で少し脱線して飛田の話を書いたのは、この旧い文章に接続することで、往時のムードに多少なりとも漸近できないかと思ったからです。

話を現在に戻すと、実は西成の中心といえば、区役所にほど近い地下鉄四ツ橋線の岸里駅から、南海電車と大

● しんみどう　多彩な味のお好み鉄板韓国料理版深夜食堂。

洋食焼にスジと平天入り（1,000円）。豚玉は600円～。しんみどう焼きは500円、ブー焼きが600円。

▶平成9年（1997年）の開店。「しんみどう」の店名は新御堂ではなく、漢字で書くなら新しい味の道。韓国生まれ韓国育ちのママ・原 節子さんが孤軍奮闘、八面六臂の活躍で、お好み、鉄板、韓国料理にお惣菜と、次々と注文をこなす。「鉄板が何でもやってくれるねん」と牛スジを煮込んだり激辛カレーを炊いたり。そして秋冬はおでんも用意。お好みは混ぜ焼きもベタ焼きの洋食焼も。その上でジャガイモチヂミをお好み焼に発展させた「しんみどう焼き」や、さらにヘルシーな物をと大根を細切りカッターでおろした「ブー焼き」なるメニューまであり、どっから仕入れたのか新しい味を次々繰り出す。ただ目新しさだけを求めるのでなく、オリーブオイルを多用したり野菜不足な若い客にはさっとスジ肉やセセリの炒め物を出してくれたり、ジイさん客に煮魚を作ったからと帰りに持たせたり、ベテラン美容師のご婦人には山葵漬けや黒豆の炊き方を習って客に味見させたりと、その味の根っこにあるのは客を家族のように迎える姿勢。「おいしいもんお腹いっぱい食べて帰り」という母心なのだ。

ソースも「体にエエねん」とタカワの焼そばソース（中濃）を主軸に用いる。突き出しの自家製キムチや、おでんのジャガイモや練り物をお好みに入れてもらうなど、慣れてくれば少々のワガママを聞いてくれるあたりもオカンである。それでも忙しい時間には常連が薬味やおしぼりを自分で取ってきたりなんてこともままある。ソースの匂いと人の情に溢れかえった深夜の鉄板劇場。観客ではなくその一員になる気持ちでどうぞ。

焼そばは茹でたての麺を使う。これにドボドボとソースをかけて絡めるからチュルリと旨い。春と秋には引き戸がオープンで屋台感覚に。

大阪市西成区岸里東 1-19-20
☎ 06-6661-3724
18:00 ～翌 2:00
不定休

阪市営地下鉄の天下茶屋駅にかけてのエリアです。天下茶屋駅前にはアーケード商店街があり、もちろんそこは私のホームグラウンドでしたが、旧くからそのままの形で営業している店はほとんど残っていません。なので岸里駅、さらには地下鉄四つ橋線で一駅南の玉出駅、このあたりを歩いてみることにしましょう。いずれも国道26号線で一直線につながりますが、岸里では交差点から松虫通を東に進み、通称「住吉街道（紀州街道の一部）」に出るあたりが、コンビニや空き地が増えているものの、昭和の下町ムードを色濃く残す界隈です。ここからは旧蹟「天下茶屋跡」もほど近いのですが、ほぼ交差点にある「しんみどう」は、常連客をあたたかく見守る「みんなのオモニ」が仕切る、このあたりでは最強の「近所のお好み屋」です。

　ここからお隣の玉出駅へは、ぜひ旧い街並みを楽しみながら、住吉街道を南に歩いてください。公園や神社、街路樹など、思いのほか緑が多いのも、このあたりの魅力です。ハイライトはなんといっても、南海高野線のガード下を潜ったところで、阪堺電軌の阪堺線が路面電車になるあたり。道幅も一気に広くなり、開放感は抜群です。そして塚西交差点で南港通を西へしばらく歩くと、ほどなく玉出交差点に出ます。「玉出」の地名は、安売りで有名な「スーパー玉出」の存在により広く認知されるようになりましたが、由緒正しき生根（いくね）神社

を擁する町です。スーパー玉出の発祥の地である「玉出本通商店街」は交差点から300メートルほど北側、生根神社は商店街の通りを西に入ってすぐの場所です。

この街の名店は、駅前にある［象屋］。カップル率も高い「下町のエエ店」で、その上品で繊細な味わいは、「下町＝コテコテ」といった思考停止的な表現を、あっさりと吹き飛ばしてくれることでしょう。

● 象屋

▶マスターの市川仁輝さんが独学で開店してからもうすぐ40周年。「ソース言うたらヒシウメさん。この味で育った」という地元・玉出のご出身だ。添加物無しの自然の味であることも決め手となったのだそうだが「市販の味とは違うで。足したり引いたりな」と特注品であることを強調。卓上には基本のお好み焼ソース甘口、ウスター辛口、さらに市販のたまりではないどろ系激辛の３種類が置かれ、自由に足せるようになっている。

店奥の厨房の大きな鉄板２枚で焼くお好み焼は、テコを入れれば山芋含有量の多さが分かる、フワトロな生地。みじん切りのキャベツが邪魔をせず、ダシが効いている上に口当たりが滑らか。何より生地全面を覆うような豚肉が圧巻。楕円形の縁の部分はバラ肉がぐるりと囲むように覆い、中心部の天カスを除いてロースでフタをするかのよう。肉に豚肉の旨みを移しつつ、肉が内部を蒸し焼きにする２段活用。周囲の脂がこんがりといい食感で、中は肉感をしっかり残す。ソースを塗る前には、マヨネーズに練りカラシ、少量のケチャップ、その上からハケではなくスプーンでぼってりと粘りあるお好み用ソースを塗りながら混ぜる。辛いもん好きなら迷わずどろソースを足したいところだが、まずは基本の甘口だけで味わうと良い。上質の豚肉の脂が行きわたることを重視し、肉が剥がれたとしてもしっかり旨みが残っているのだ。

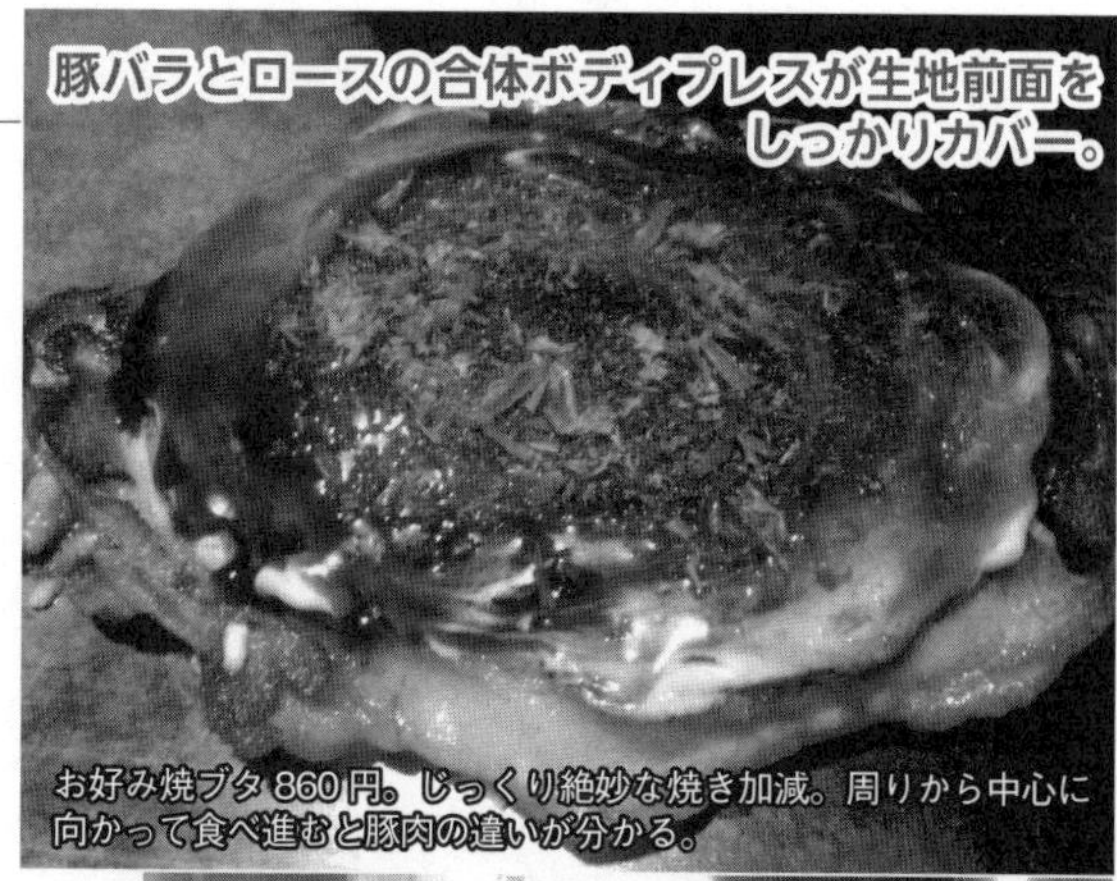

豚バラとロースの合体ボディプレスが生地前面をしっかりカバー。

お好み焼ブタ860円。じっくり絶妙な焼き加減。周りから中心に向かって食べ進むと豚肉の違いが分かる。

右からマスターの市川仁輝さん、スタッフの阪口和信さん、市川さんの次男・雅哉さんの３人。

大阪市西成区玉出西 2-7-10
☎ 06-6657-1616
17:00 ～ 23:00（日・祝 15:00 ～）
月曜休

堺東

「あらかじめ負けている街」の魅力に酔う

一切の誤解を恐れずに言いますが、堺というのはいろんな意味でたいへんに残念な街です。旧石器時代から人々の営みが始まり、数多くの古墳が築かれ、都への街道も発達し、中世には自治都市として「東洋のベニス」と称されるほどに栄えた。安土桃山から江戸時代前半にかけても、環濠（かんごう）都市として商いの中心であり続けた。その間にさまざまな文化や産業も生まれた。にもかかわらず、それらの文化や産業の多くは「堺で学んだ」後に他所の土地で花開くことになり（その典型が「茶の湯」ですね）、現在の堺は、どこかその歴史を持て余している感じがします。また駅前の再開発などもあまり上手ではなく、南海本線の「堺」駅、南海高野線の「堺東」駅、ＪＲ阪和線の「堺市」駅は、その位置関係の分かりにくさもさることながら、それぞれに駅前が程良く衰弱。特に堺東（地元での通称は「ガシ」）は、１９８０年代に高島屋とUPルとジョルノ（キーテナントはダイエー堺東店でした）が競い、堺銀座商

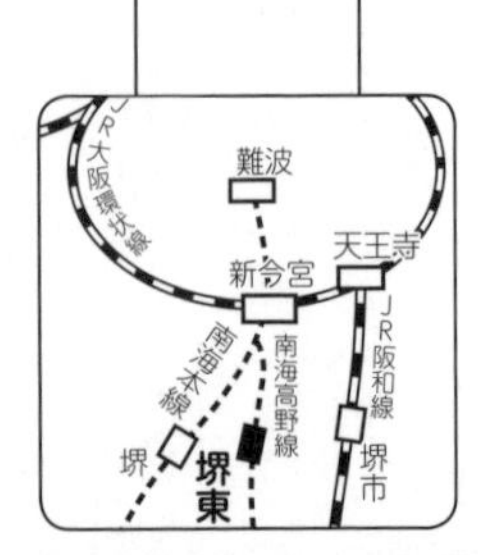

店街とともに賑わった頃が嘘のようです。２００６年に堺市は政令指定都市になりましたが、「これ」という明確なビジョンも示せず、市としての存在感は傍目には極めてぼんやりとしています。

――とまあ、なんだかディスっているように思われたかもしれませんが、それは短見というものです。私はそのように残念な街だからこそ、堺は魅力的なのだと思っています。ほどなく「世界遺産の街」にもなるのでしょうが、だからといって何かが変わるわけではない（おそらく）。下町というものは基本的に「敗者の集まる場所」であるという点で共通していますが、その点において、堺は最強です（最弱？）。行政や巨大資本が介在する再開発においてことごとく失敗する堺は、「あらかじめ負けている街」であることこそを、大いなる誇りとすべきでしょう。そこに堺の可能性がある。と、軽やかに断言しておきましょう。

さて、堺といえば私が最初に思い出すのは、かつて翁橋（おきなばし）にあったいくつかのキャバレーです。キャバレーには生演奏するバンドが付き物ですが、私の音楽仲間のドラマーがミナミの「キャバレーサン」のハコバン（「箱付きのバンド」の略）をエキストラで手伝うことがあり、たまに「出稼ぎ」と称して、「王将」や「銀の星」といった翁橋のキャバレーに行くことがあった。堺に向かう時、彼は嬉々として「今日は翁橋やねん」と言ってましたので、ハコバンの世界では「翁橋」が符丁だったのでしょう。１９８０年代、バブル期の翁橋はかなりの天国だったようで、羽振りの良いお客さんからチップが出ることもあり（バンドマンに、ですよ）、ホステスさんとのヒモ生活に嵌ったバンドマンも少なくなかったようです。私も何度か翁橋行きを頼まれたことがありましたが、昔から夜の世界が苦手だったので、結局は一度も行っていません。今となってはそのことを、少しだけ後悔しています。

現在でも翁橋界隈（正式な住所表記としては翁橋町）にはけっこうな数のスナックがあり、駅前からは少し離れた場所なので「なぜここに？」と思うかもしれませんが、阪神高速の出入口がすぐ近くなので、ミナミから車でのアクセスが容易であることも大きかったのでしょう。そして「夜の街」には、

● コミット

独自にカスタマイズしたソースがとろけるチーズにマッチ。

豚玉（650円）にチーズは180円増し。卓上にはどろソースも用意され辛口にも。

ベロンと延ばした餅に鉄板で焼いたチーズをのせて巻くチーズロール（680円）は完全オリジナルの名物。

▶通称「ガシ」こと堺東駅周辺で、例えばハシゴ酒の後、シメにソースの味を思い出したらここ。小塩由紀子さんが独学で創業してもうすぐ25年の創作お好み焼と鉄板焼の店。小塩さんが元はアパレル系だったことを窺わせる美しいお好み焼と清潔感溢れる店内は1人客から家族連れまで気兼ねなく入れる雰囲気。母娘店ということで安心感にも満ち、夕方から深夜まで賑わう。

「自然なもの、体に良いもので作ってくれているから」と松原・和泉食品のタカワソースを仕入れ、独自にカスタマイズ。山芋をふんだんに使って粘りしっかりの生地に、みじん切りしたキャベツでふんわり焼き上げる豚玉。それをベースに得意のチーズアレンジを加えたメニューにも定評あり。他にも「豚もちチーズ玉」「すじポテトチーズ玉」（ともに940円）など、男女ともイケるお好み焼が揃う。とろけるチーズにテコを入れつつ「スパイスおさえめで果実味があり、旨さに厚みを持たせたソースだからこそ、全面を覆うチーズにも合うんだよなあ」とハフハフ喰らう。ドリンクはビールもいいけどメガジョッキで飲むハイボールをグビグビいきたい。ハシゴの後にはかなりパンチあるけど旨いんだもんなー。ともあれ餅を生地にしたアテ、チーズロールなど食べるべき創作系のアテも多い。だからこそ開店早々のガシの初手に選ぶのも上策。ご機嫌な夜という結果にコミットする最短距離なのだ。

堺市堺区南瓦町1-21
☎072-229-4448
17:00～翌3:00
月曜休（予約あれば営業）
※値段は税別

深夜も営業する飲食店が必ずあります。「コミット」はそんな翁橋の往年の活気を知る店で、アテ系の充実ぶりは流石ですし、お好み焼もオリジナルなものが多く、調子に乗っていろんなものを頼み過ぎてしまう危険な一軒です。

堺銀座商店街を北にそれた場所――このあたりも実にエエ感じの飲み屋街です――にある「ひかりお好み焼き」も地元ではよく知られた名店で、「夜勤明けやら、このあたりで店やってる人が便利なように」と、なんと早朝5時からオープン。名物のとん平焼を、肘をグッと入れて切る大将の姿は、もはや街の伝統芸です。このような頼もしい店があるから「あらかじめ負けた街」は魅力的だということを、覚えておいてください。

● ひかりお好み焼き

▶昭和35年（1960年）オープン。２代目の末澤好勝さんのストロングスタイルな仕事ぶりにほれぼれするカウンター店。大量に仕入れる黒豚のバラ肉は白い脂身が美しい見事な豚バラで、長〜いUの字になったカットしていない状態でバットに並べられている。大和芋入りの生地を細長くひいて、その上に一枚ベロリ〜ンと豚バラをのせ、卵２個を溶いて３層にする。まずもって生地のダシにも相当なこだわりがあり、鶏ガラベースに鰹、昆布、野菜など旨みたっぷりのダシを用いる。甘みのある黒豚、コクのある卵、その上にソース、マヨネーズ、カラシを塗りたくり、全面に広げながら混ぜてくれる。ソースはカゴメソースをベースに、ウスターやオイスターなどをミックス。大きなテコでガシガシとカットして皿に。定食はご飯と味噌汁付き。

ソースマヨ味にカラシがピリリで白ご飯をガシガシと掻き込むように食べるのが常連客のスタイルだ。他にも牛のお好み焼の肉も原価割れしそうな霜降りの上肉であったり、バージンオリーブオイルに湯浅醤油など調味料にも上質のものを用意していたり。昭和な雰囲気が残る店なのに、細部には今風なこだわりが溢れている。

上質な黒豚の甘みを堪能できる、名物の「とん平」を目指そう。

とん平焼800円。定食950円（ランチタイム800円）。キャベツも旨い。

肉玉1,500円。「旨い脂がもったいないやろ」と黒豚の脂を絡めながら蒸し焼きにする手作り餃子６個300円。

堺市堺区南花田口町 1-3-21
☎ 072-233-6338
5:00 〜 14:00、17:00 〜 20:30
（ランチタイムは 11:00 〜 14:00）
無休

岸和田

城下町で感じる「下町のエートス」

中場利一氏の小説『岸和田少年愚連隊』やその映画化作品、NHKの連続テレビ小説『カーネーション』などの反響もあってか、今では「だんじりの街」としてすっかり全国的に有名になった岸和田。市のホームページを見ると、そのトップに「祭都きしわだ」とあり、だんじり情報にも素早くアクセスできるようになっていることからも、岸和田という街がだんじりを中心に回っていることが窺えます。

立派な天守閣を持つ岸和田城があることからわかるように、城下町として発展したこの街は、所謂「下町」とは言い難い。南海本線岸和田駅の近くの町名を見ても、「宮本町」「五軒屋町」「堺町」「本町」「大手町」と、たいへんに由緒正しい感じがします。とはいえ、街を挙げての巨大な祭礼をベースとするだけあって、その暮らしぶりは極めて共和的なものであり、やはり上質な「下町のエートス」を感じてしまうのです。

私たち西成の人間にとって、泉州エリアは「遠足や行楽で行く場所」でしたので、ミナミやキタのような「街デビュー」の感覚は、まったくありませんでした。堺の浜寺公園、岸和田の

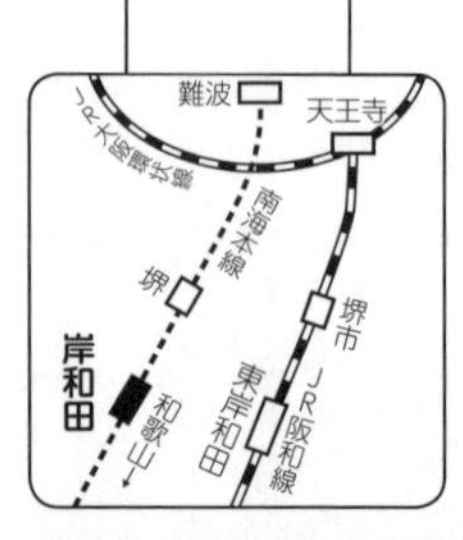

二色の浜、岬町のみさき公園などによく行きましたが、全て天下茶屋駅から南海本線で一本ゆえ、学校から行くのにも管理が楽だったのでしょう。なので堺にしても岸和田にしても、子供の頃は市街地に赴くことはまずありませんので、「あの辺はだいたい海」という雑駁なイメージでしか、捉えていませんでした。

逆に岸和田の人間は、地元を離れて南海電鉄に乗ってミナミに出るのが「街デビュー」。沿線の少年たちはみんな南海ホークスのファンでしたから、大阪球場（正式名称は大阪スタヂアム。跡地は現在、なんばパークスに）はハレの場です。ここにはスケートリンクや卓球場もありましたから、泉州キッズたちは中学校あたりから友人と連れ立ってミナミに出るようになり、浪速区や西成区の「地元の中学生」と、ある種の緊張感を持ってすれ違っていたようです（ときにはけっこうな接触事故もあったことでしょう）。

「あの辺はだいたい海」という泉州のイメージがコロッと変わったきっかけは、中学校時代にたまたま自転車で岸和田を訪れたからです。当時の私たちは、夏になると堺の浜寺公園内にある市営プールに行くことが多かったのですが（有名な浜寺水練学校に通っていた友人もいました）、ある日「この先をずっと行くと、どうなってるんやろか」と友人3人で連れ立って、浜寺からさらに南に向かいました。この時

に走ったのが旧国道26号線（現在の大阪府道２０４号堺阪南線）で、堺町交差点でガクンと曲がり、そこから岸和田城の天守閣が見えた時は、「あちゃーこら凄いで。こんなとこに城があるんは知らんかったわ」と大コーフンしました。ゴール地点こそ行き慣れた二色の浜でしたが、自宅に帰ってから夕食時に岸和田城の話をすると、父親が「遠いとこまで行ったんやなー。気ぃつけよ」と諭しつつ、「あっこは城下町やから、雰囲気エエんや」と語ってくれたことを覚えています。

だんじり祭については、35ページでも言及した岸和田出身の江　弘毅氏との出会いが全て、です。打ち合わせや会話の随所で「それはだんじりで言うたらやなぁ」となるのが江氏の必殺パターンなのですが（一度だんじりモードに入ると、なかなか戻ってこれません）、家族にご不幸があって氏がだんじりを曳けない年があり、このときにつきっきりでガイドをしてもらったのが最初。30年ぐらい前の話ですが、以来だんじりのシーズンになると、心は岸和田に向かうことになります。その後に街ガイド本の取材で、てっちりの「喜多八」や鮨の「千亀利寿司（ちきりずし）」、活魚料理の「活魚ヒロ」など、地元の名店を回ったことで、「祭りのある街における食の底力」を思い知らされました。なにしろ彼らは「寄り合い」と称し、頻繁に集まって飲み食いをするわけですから、半チクな店では通用しないのです。

「かしみん」のことを知ったのはさらにあとで、77ページでも紹介した雑誌『ミーツ・リージョナル』２００２年２月号の特集「関西お好み

焼き世界。」内での「岸和田かしみん浜七軒。」という、本書の共著者である曽束政昭氏の記事を読んだことによります。秀逸な原稿ですので、引用しておきましょう。

岸和田市街の紀州街道より海側は、大北町、中北町、大手町、紙屋町、中之浜町、中町、大工町の7つを総称し「浜7軒」＝「浜」と呼ばれ、'70年代まではさらに海側に砂浜があったという漁師町だ。そこに「かしみん」と呼ばれる浜ならではの洋食焼があると聞き、だんじり同様にかしみんを愛する中之浜町若頭の方達に案内してもらった。

その昔、一銭洋食の店があり、

● 双月　だんじりが通る商店街に広がるソースとバターの香り。

▶創業は大正15年（1926年）。岸和田駅前通商店街のアーケードを抜け、通称「村雨」と呼ばれる棹菓子「時雨餅」の［竹利商店］を越えたあたりにある老舗。更に浜側の小門・貝源（こかど・かいげん）はだんじり祭りのやりまわしの名所。半個室の自分焼きが基本だが、名物の「特別双月焼」は店の人が焼いてくれる。お好み焼の生地を一切使わず卵３個を溶いて生地とするもので、ソースは塗るが青ノリ、鰹節はかけない。ラードで炒めた具に溶いた卵を絡めながら焼き、お好み焼２枚分くらいの厚みに成形してゆく。炒めながら卵生地をまとめていく途中が「何回焼いてもむずかしい」と店の奥さん。

ソースは大阪２種、明石、広島、和歌山のメーカーから仕入れた全５種類をブレンドする。「香りや香辛料、甘さ、辛さを求めて足しながら調味するうち、この５つに落ち着いた」。そんなご主人は厨房奥で下ごしらえし、もう一つの名物のオムライス（850円）などを調理する。このオムライスはソースこそ使わないが卵の黄身をケチャップライスと薄焼き卵の間に忍ばせ、真ん中あたりにスプーンを入れると黄身がトロリと流れ出す逸品。ぜひ食べたい。

特別双月焼ミックスは1,500円。具は豚、かしわ（鶏肉）、牛肉、ハム。魚ミックスも同額で、具はイカ、エビ、カキ（冬期）。

岸和田市五軒屋町 4-5
☎ 072-422-2485
11:00 ～ 21:00（LO 20:00）
木曜休

徐々に固められていく特別双月焼。ふっくら仕上げるにも技アリ。

安くて栄養のある「〝ひね〟のかしわ」が使われていた。最初に案内してもらった店［大和］のご主人も、その店から洋食焼を教わったという。［大和］では、一枚テーブルの鉄板で焼いている。熱したそれに生地を薄く丸く伸ばし、キャベツ、かしわ、そしてミンチ状の牛脂をかける。だから「かしみん」。返して焼くと脂は溶けて、揚げたようにカリっとなる。ソースを塗った上にも、さらに脂のミンチをパラパラ。これがソースに溶け込む。食べると薄い生地なのにぐっと歯ごたえが。かしわはグリッとスジに似た食感、脂の旨みも「濃いなあ」だ。とどめは、ふちのカリカリ感。まるでピッツァ、

●鳥美　岸和田の味「かしみん」を支える鶏ミンチはここから。

メニューにある洋食焼のかしわ 450 円がかしみんのこと。グリグリのかしわの歯ごたえ、牛脂の甘い香りがたまらん。

混ぜ焼きのお好み焼（500 円）。アテにかしわの鉄板焼（部位によって値段が違う。ヒネが 250 円）も。

▶堺町のだんじり小屋から路地を浜側へ入ってすぐ。60 年以上続く鶏肉店は、西田啓子さんと妹さんご夫婦の椎名正臣さん淳子さんの家族店。店の奥にカウンター鉄板を設置し、岸和田独自のお好み焼「かしみん」を提供する。べた焼き生地にかしわと牛脂のミンチをのせることで、鶏と牛の旨みがたっぷりの地元の味になるというもので、親鶏の様々な部位の粗挽きミンチと牛脂のミンチを略して「かしみん」と呼ばれるようになった。そのかしみんに必要不可欠な鶏ミンチを始めたのがこちら。先代の頃、お向かいにあった［ふじわら］というお好み焼店に卸したのがきっかけで、岸和田でも浜側を中心に広がっていった。

ソースはイカリのウスターを塗り、その上からパロマ（大阪・和泉食品）とオタフク（広島）のとろみのある自家製ブレンドソースで仕上げる２重塗り。イカリウスターのスパイス感、パロマとオタフクのフルーツ感が、鶏と牛の動物系２つの旨みと混ざりあう。ちなみにこのかしわのミンチ、近隣ご家庭でのカレーや焼飯の具にもなるという。

岸和田市堺町 7-29
☎ 072-422-5816
11:00 ～ 18:00
火曜休

いやそれより旨い。
こりゃ、やられた。

（中略）

「かしみん」は、だんじりと同じく浜の町の宝。それはまるで、泉州の魚が、多くの漁師たちに世代を超えて共有する大切な財産であるように。そんな意味や気質さえもが、この洋食焼き一枚に含まれているのだ。

――「かしみん」との出会いの感動と、その何たるかを的確に表現した「ローカルルールへの敬意」に満ちたこの文が、「かしみん」の存在を広く世間に知らしめることになったことは、言うまでもありません。

● 大和

エッジがカリリ、中トロモチのナポリ風かしみん!?

▶昭和46年（1971年）オープン。浜小学校の向かい右手２本目の路地奥にある家店。１階土間に据え置かれた鉄板テーブルをコの字に囲んで座る。［鳥美］の向かいにあった［ふじわら］からレシピを継承しつつ改良を加え、［鳥美］からかしわミンチを仕入れている。薄く広げた生地に千切りキャベツ、ネギと紅ショウガ、かしわミンチに牛脂ミンチをのせ、返してじっくり焼くと、表面のかしわ周りがカリカリ。ソースを塗ってもまだ熱いところにさらに白い牛脂ミンチをパラパラとかける。ジワ〜ッと牛脂が溶けていくうちに甘い香りが立ち上り、自家調合のオリバーソースと混ざりあう。食べ方は２通りで、鉄板上からテコで直接食べるか、カットして皿にのせてもらって箸で食べるか。前者はアツアツのとろける生地を楽しめ、後者は皿の上で冷めるうちにエッジ部がカリリと起き上がり、中はトロリとしながらもモッチリ。ナポリピッツァのようなバランスでもある。

持ち帰りはへぎの舟に入れて薄紙と新聞紙でくるり。シンプルな「から焼き」（130円、ネギ・卵入り250円）やそば入り「モダン」（600円）など、次々とご近所から電話注文が入る。

岸和田市紙屋町 15-4
☎ 072-432-3872
11:30 〜 19:00
火・水曜休

かしみん中 450円。ソースはスタンダードウスター＆お好みソースをベースに「ちょっと入れてる」と。

神戸／新長田

さまざまな偶然と必然が交わる場所

本書のタイトルは『大阪ソースダイバー』ですが、ここからは「＋神戸＆京都」のパートに進んでいきます。当初は「大阪だけの方がスッキリするかな？」とも思ったのですが、神戸や京都も独自の豊かなソース文化を持っていますし、それぞれの街のコントラストを知ることも重要であると考え、「＋神戸＆京都」としました。

最初に訪れるのは、新長田です。兵庫県神戸市は湾岸部が東から東灘区・灘区・中央区・兵庫区・長田区・須磨区・垂水（たるみ）区と並び、山間部が東から北区・西区と並ぶ、合計9つの区から成っています。神戸のややこしさは、このうちJRの「三ノ宮駅」、阪急と阪神の「神戸三宮駅」がある中央区が商業・ビジネスの集積地なのですが、新幹線の「新神戸駅」が三宮エリアの山側（地下鉄で一駅）に、JRの「神戸駅」が中央区の西端に、「兵庫駅」が兵庫区にあるので、どこが中枢なのかが地名や駅名から即座にはわかりにくい、という点にあります。慣れてしまえばなんてことはないのですが、こういう「整理されておらずゴチャついた感じ」は個人的に大好物なので、今後も教条主義的な整理に向かわないことを祈ります。

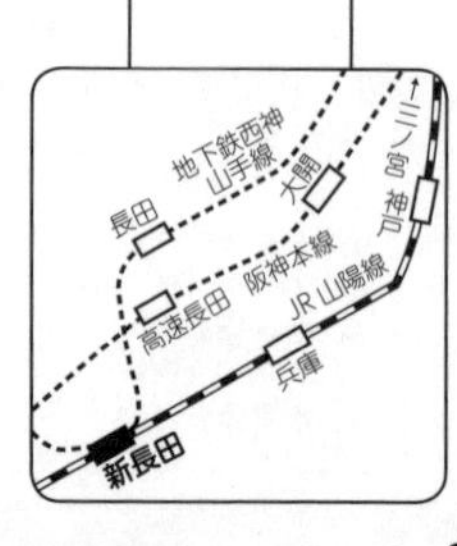

長田区はそんな神戸の中心エリアの西側に位置しますが、特にＪＲ及び神戸市営地下鉄新長田駅の周辺は、大阪の鶴橋・桃谷と並ぶコリアタウンとしても知られる下町です。一帯は１９９５年の阪神大震災で甚大な被害を受けましたが、その被害は住宅密集ゆえの火災の延焼によるところが大きかった。その後の再開発により駅前はすっかり様変わりし、２００９年に新長田駅の南西にある若林公園に建てられた高さ１５・３メートルの「鉄人28号」の巨大像が復興のシンボルよろしく聳え立ち、新たな街の名物にもなっています。

ここで私たちが目指すべきは「西神戸センター街」。新長田駅前を南に進み、阪神高速を越えたところにあるアーケード商店街です。丸五（まるご）市場、本町通商店街、六間道（ろっけんみち）商店街と接続する一角はお好み焼＆ホルモン天国で、初めて訪れた時（震災前の１９９０年頃です）は「俺はここに住むべきかもしれない」と真剣に思いました。そこには大阪の天下茶屋と桃谷が合体したかのような、下町としての洗練があったからです。その頃には、私が地元の西成で親しんでいたお好み屋は既に一軒も残っていませんでしたし、桃谷は着々と「観光地としてのコリアタウン化」に向かっていましたので、「剥き出しの昭和の下町」がそのまま残り、かつ活気に満ちていた新長田には、強いシンパシーを抱かざるを得なかった。さらに、ここで初めて経験したどろソースのインパクトも忘れられません（「どろソー

ス」の名称そのものはオリバーソースが登録商標を取得しているため、商品名については各社それぞれに工夫をしていますが、本書ではメーカーを特定せず一般名称として扱います）。その味は知りうる限り西成にも生野にもなかったもので、ここ新長田のお好み焼スタイルを知ることで、私のお好み人生は格段に豊かなものになったのでした。どろソースは「コテコテ」などとよく表現され、それはもちろん沈澱物なので濃厚ですが、むしろスパイスの鋭い切れ味によりソース本体の旨みを倍加するものである、と思っています。

どろソースの普及に大きく貢献したのが、やはりこの地が発祥とされる「そばめし」です。そばめしについては、私は三宮の［えびら］が初体験でしたが、

● ゆき

▶西神戸センター街のアーケードを西端から入ってすぐ。昭和55年（1980年）開店。池端信二郎さん、幸江さんご夫婦と長女の広瀬京子さんの正しき家族店だ。店奥に配された厚さ16ミリの鉄板で次々と注文をこなす。不思議なことにお好み焼にもそばめしにも油を使わない。炒め物の調理には豚のラードの塊を溶かしたものを使用するのみ。「せやからウチのはあっさりしてるんよ」と幸江さん。

薄くクレープ状にひいた生地の上に、細切りのキャベツやネギをのせて「ぼっかけ」をのせるのがスジ焼だ。長田名物のぼっかけは、炊いた牛スジとこんにゃくのこと。地元の肉屋［マルヨネ］の牛スジを味付けせずに40分ほど茹でる。それを包丁ではなく手で裂くように切る。その方が口当たりも味もよく出るという。多くの店では甘辛く炊いてあるぼっかけだが、こちらでは素の味。だからよけいにあっさりしつつ、ソースの味が映える。

今さらかもしれないが、大阪の混ぜ焼きと大きく違うのは生地だけではない。紅ショウガなども入れない。だからこそ、ソースは「ドロからソース」のようにインパクトあるスパイス感が求められるのだ。

神戸市長田区久保町 4-2-5
☎ 078-611-4785
11:30 ～ 14:15
水＆第３火曜休

ドロからソースが似合う、油不使用のあっさりお好み。

スジ焼580円。忙しい時間帯には鉄板上に何枚もお好みが並ぶ。

ブラザー、とんかつソース310円、ドロからソース320円も販売。

炭水化物ラヴァーズにとっては理想的な食として、好物リストの上位に速やかに登録されました。その発祥は［青森］で、お客さんが持ってきた「残り物の冷やご飯を、焼そばにブチ込む」という行為は、店と客が親密圏にない限りは成立するはずもなく、間違いなく下町的なセンスです。そして重要なこと

● ひろちゃん

▶創業して 33 ～ 34 年。先代の三浦文江さんから店を引き継いだのが２代目の三浦弘安さん。昔はオカンの店が多かった長田だが、近年代替わりすることで若い店主の店も増えた。ソースは以前は長田にあった二見ソースの甘口、中辛、どろソースを使用していたが、同社が廃業する少し前に二見さんから「ウチの味に似てるんちゃうかな」と明石にあるドリームソースを紹介されたという。二見ソースの時はストレートで用いていたが、ドリームソースにしてから自家ブレンドで調整を重ね「口に合った」と。

お薦めの「チャンポンモダン」には、豚、スジ、エビ、タコ、イカ、貝柱の豪華な具にソースで味付けした「そば焼き」を生地にのせる。大阪の場合は焼そば用の麺を炒めも味付けもせず生地にのせるが、長田ではそれを「ニセモダン」などと呼ぶ地元民もいるそうだ。麺をほぐすのにも鰹と醤油のダシで風味付けし、それぞれの具の旨みも絡ませつつソースで味付け。さらにドリームのお好みソースにはダシまで入っているので、さながら旨みの超高層ビルといった体裁となる。反して薬味は「マヨネーズは邪道」と言われる長田で、鰹節もかける人も少なく、青ノリ、一味をお好みでかける程度。

大貝は近年獲れなくなって、「今はカキより高い」と高騰のためにお休み。仕入れ値と合う時のみメニューにあがる。あればぜひとも具に追加して、再現されたソースとの夢の共演を楽しみたい。

幻の三見ソースの味を再現し、
明石のドリームソースを導入。

ちょっと贅沢気分のチャンポンモダン（1,250円）。ブリブリの海鮮が抜群！

「モダンにはうどんも合う」と２代目。先代は高速長田近くで「お客さんの口に合わせて」とばらソースを使った店を開店。

神戸市長田区腕塚町 3-5-2
☎ 078-621-4282
11:30 ～ 14:30（LO 14:15）、
17:00 ～ 22:00（LO 21:30）月曜休

は、これは鉄板とコテ（長田ではテコをそう呼びます）の存在なくして成り立たない料理であるということです。
　ソースダイバー的に、想像してみましょう。今、鉄板の上には冷や飯と焼そばが別々にある。これをバランスよく馴染ませるためには、そばを細かく切った方が明らかにソースがよく絡みそうだ。ゆえに面倒は承知だが、そばを切り刻もう……と、鉄板の上でコテをカカカカン、とリズミカルに動かした。家のフライパンでは、なかなかこうはいかない。「そばを細かく切らずに、冷やご飯を単にまぜて温めるだけでもよかった」にもかかわらず、料理するものの直感として、この「けっこうな一手間」に結びついた。つまり「そばめし」はその発祥の時点から、「残

● 青森

▶昭和32年（1957年）開店。3代目の青森功樹さんが語るには「先代が店を始めた当初、近くの工場で働く人から『弁当の冷やご飯とそばを一緒に炒めてくれへん？』と頼まれたのが、そばめしの始まり」。

　焼そばの麺と白ご飯を鉄板上で刻みながら炒め、ミンチ状にして甘辛く炊いた牛スジ、千切りキャベツ、天カスを加えてさらに炒める。大きなテコを両手に持って、カンカンカンとリズミカルに刻んで、粉鰹もかけつつ、麺が米粒より少し長いくらいになったら、地元・長田のばらソースのウスターをかけると、ジュワーッと音と湯気が上がり、スパイシーで酸味ある香りがカウンター前に一気に広がる。

　コテで食べるのが基本で、コテの手前の角に一口ずつのせて口に入れるのだが、パラパラこぼしていたら初心者用のスプーンを出してくれた。まあ、注文の時点で常連には知られている上、サッとさりげなく出してくれるのでご安心を。

　何よりばらソースのウスターは、鉄板上で焼かれることで、その酸味が少し穏やかに丸くなり、そばとご飯に香ばしく絡むのがよくわかる。

「そばめし」の発祥の店で香る、地元のばらソースとスジ肉。

すじそばめし（700円）。具の組み合わせも自在で、チャンポンすじそばめしは1,100円。

お好み焼は豚焼、すじ焼、各450円〜。とり皮入りもある。

神戸市長田区久保町4-8-6
☎ 078-611-1701
11:30 〜 14:30、17:00 〜 22:30
火曜休

り物の冷やご飯」に「けっこうな一手間」をかけて作られたという点にこそ、店の心意気を感じるべきなのです。

ここにご紹介する［ゆき］［ひろちゃん］［青森］［ハルナ］の４軒は、そんなに離れた場所にはないにもかかわらず、それぞれ独自スタイルを持っています（お好み焼が好きな方には、店名もいちいち「おいしそう」に感じられるでしょうね）。新長田でお好み焼を食べるのが楽しいのは、「さまざまな偶然と必然の交わり」が、ほどよい温度を伴って感じられるからだと思います。

● ハルナ　3代続く路地の名店は、牛スジと豚の脂がばらソースと相性◎

▶長田の本町筋商店街のアーケードから路地に入ってすぐ。鉄板一枚のテーブルを囲むスタイル。開店して69年、現在は3代目が味を守る。とはいえ祖父の味を継承し「2代目とはまた焼き方が違うんです」という。昔からの常連から焼いてるところを見て、「懐かしい」と言われることも。モダン焼なら、生地をひいてそばをのせた形が、こんもりとドーム形になっていた。もちろんソースで味付けしたそば焼きを作り、生地上にのせる長田スタイルそのものだ。

フタをかけて蒸し焼きにする時間など、手順も違うだろうが、中がふっくらしながら表面はこんがり。取材時は「チャンポンそばモダン」に大貝を入れてもらった。大貝は不漁で値段が高騰しているが、ある時に行ければラッキーなのでぜひ注文したい。貝柱や脚などキレイに仕分けして、具に入れることで貝のエキスがよく出て旨みが格段に増す。昔は浜へ行けば獲れる安くて旨い具であったとも。だから長田～神戸のお好み屋には、貝のお好み焼が昔からの定番だったのだ。

牛スジ、豚の脂分との相性も素晴らしく、そこにばらソースのストレートのパンチ力が加わることで地元の味になっている。

「チャンポンそばモダン」は1,030円。大貝入りは値段増し。

薬味は青ノリ、一味。意外に胡椒が合うそうで。

神戸市長田区二葉町 2-1-13
☎ 078-621-7905
11:30 ～ 20:00
日曜休

神戸／生田川

「市場の近所のお好み屋」へ向かう

生田川は、もともとは現在のフラワーロードの場所にあった天井川でした。付け替え工事により現在の場所に流れるようになったのは、明治4年（1871年）のこと。神戸は湊川も付け替え工事により移動していますが、この2つの天井川を制御することが、港町としての神戸の繁栄に大きく作用しています。本書ではこれ以上の詳細には触れませんが、神戸の治水はさまざまな人智の賜物ですので、ぜひ調べてみてください（NHK『ブラタモリ』の2回にわたる神戸の回は抜群でした）。

本書で採り上げる「エリアとしての生田川」は、阪神高速3号神戸線の生田川出入口の辺りを指します。国道2号線沿いに葺合（ふきあい）警察署がありますが、このあたりは昭和55年（1980年）に神戸市中央区として統合されるまでは、「葺合区」でした（合区以前はフラワーロードより東が葺合区、西が生田区）。下町への玄関口は阪神本線春日野

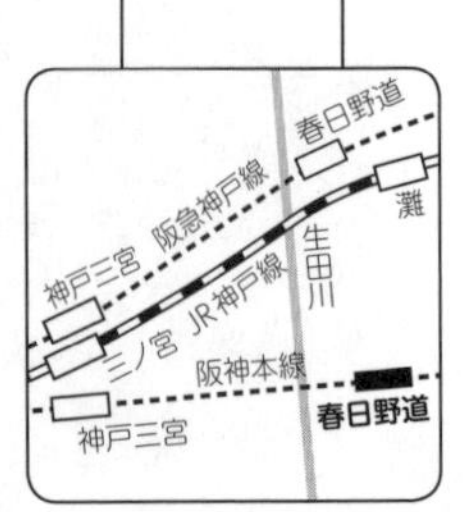

道駅で、葺合警察署の北側にある「大安亭市場」は戦前に栄えたという寄席の「大安亭」にその名を起源を持つ、昭和な商店街です。三宮の中心街からたった一駅のこの場所に、「葺合区」であった当時の街の面影が濃厚に残っており、その風情もスタイルも典型的な「夕方には閉まる、市場の近所のお好み屋」である「斉元」が健在であることが、下町のタフネスというものなのです。

● 斉元

甘めのソースに自家製の辛ダレ一閃、小ぶりのベタ焼き。

旨み溢れるタコと脂ジュワ〜な油かすのタッグ、800円。返してからも油を引き直し、カリカリトロトロの仕上がり。

▶阪神高速神戸線の生田川入口のほど近く、市営団地１階の一角にある店。店の中央には鉄板テーブルが１台のみ。それを囲んで今日も常連たちがフハフハとアツアツのお好み焼を食べている。ここはスジや油かすなどを薄焼き生地にのせて焼く小ぶりなタイプ。単品でも良いが、油かす、タコ、あればぜひものの大貝などを組み合わせるのが定石だ。ソースは元は灘ソースを使用していたが廃業したので、卸店から紹介されて今のニッポンソースとプリンセスソースのブレンドに至ったという。ネエさん曰く「まだ甘いと思ってる」とも。それでも一番は「お客さんの口に合わせて。おいしい言うてくれて」と今の味に到達した。さらに「辛いのください」と言って、自家製辛ダレのコチュジャンをのせるべし。コクと刺激が、カリトロに焼き上げ具の旨みが沁みた生地にマッチする。

水はセルフで、酒類の販売は無し。ただし缶ビールなどは持ち込みできて、近所の自販機で購入して入店するか、席を確保してから「買うてきます」と行くのが常連の手練れ。地元のおばちゃんらから遠方から高級車で乗りつける客まで客層の幅広さにも驚くが、何よりそんなカオスを手早く捌いていくネエさんの仕事っぷりがカッコ良すぎるのです。一生通いたい店。

住所掲載不可
☎掲載不可
11:00 〜 15:00 頃
（早じまいするときもあり）
木曜休（不定休あり）

独特の香ばしさに固定ファンも多い下町の定番、油かす。

神戸／阪神住吉

エアポケット的に保たれた、ソースの文化

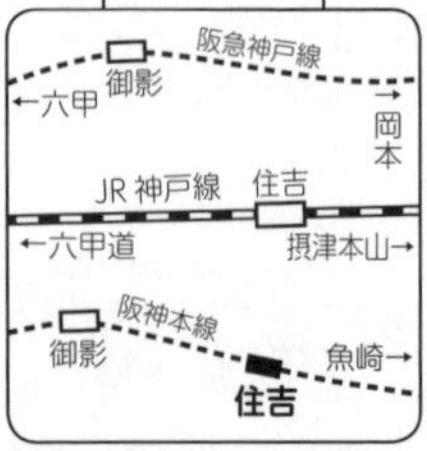

大阪の人間が「阪神間」と言う場合、一般的には西宮市、芦屋市、東灘区、さらには灘区の東側の阪急六甲あたりまでを指します。同じ兵庫県でも尼崎市は感覚的には「西大阪」みたいな感じで（市外局番も06ですし）、そのついでに甲子園球場（西宮市）も、そこだけは勝手に大阪の一部です。阪急神戸線の六甲駅を越えると、それはもう「神戸」。つまり「阪神間」という言葉は、単にエリアを指すのではなく、明治以降に郊外の住宅街として開発されていった際のコンテクストである「阪神間モダニズム」（この言葉は、文化プロデューサーの河内厚郎氏によるものです）と、感覚的には一体になっています。

私鉄沿線、わけても山側を走る阪急神戸線の沿線に広がる住宅街は、文化的に重要な建築物も数多く、「下町」の対極にあるエリアです。三宮にも大阪にもアクセス良好で、静かで快適なベッドタウンである阪神間は、エスタブリッシュメントと中流層による「勝者のエリア」と言っていいでしょう。そのような場所においては、ソース文化は何の悪気もなく退けられます。なので、いちいち調べてはいませんが、阪神間は「地元のお好み屋」の絶対数が、圧倒的に少

ないはずです。

そうした「阪神間」のコンテクストから大きく外れた場所が、国道43号線の南側から海上の埋立地にかけて広がる、大小の工場群です。六甲山麓から海に向かうなだらかな傾斜が「山の手の条件」なわけですが、国道43号線の周辺は、もはや海抜の低い完全なる平地です（海抜2メートルを切るエリアが大半）。「灘の生一本」で有名な日本酒の生産地・灘五郷、その中心をなす「御影郷」（菊正宗、白鶴という2大酒造大手を含みます）のレイヤーもそこに重なりますが、ごく一部を除いては「酒蔵の街」のような街並みがあるわけではなく、下町然とした風景がガード下を中心に淡々と続きます。「阪神間モダニズム」そのものは、住吉から御影にかけての山の手——「山手幹線」という道路が走っている——を起点に東西に広がって行ったのですが、酒造りで潤った商人が豪奢な邸宅を建てたのが、ことの興（おこ）りです。下町と山の手を分かつものが経済であるという身も蓋もない構図の、とてもわかりやすいサンプルですね。

そんな中でも、阪神本線の住吉駅——各停しか止

まらず、乗降客数が極端に少ない駅です――の周辺は、ポストモダンとしての再開発からまるっと取り残されてしまったエアポケット的なエリアです。わずか500メートル西側の御影駅の駅前と比べると、その差は歴然。また駅名が単に「住吉」なので、やはり駅前が再開発されて立派になったJR神戸線及び神戸新交通六甲アイランド線の住吉駅と接続するのか、と思ったら大間違い。六甲アイランド線の魚崎駅すら遠く（一駅東側）、住民や限られた勤務者以外は、まずこの駅には縁がない。それでいてけっこうな住宅密集地であるがゆえ、「地元料理」としてのお好み屋とソースの文化が、しっかりと根を張り続けることができたのです。ちなみに大正8年（1919年）

すえちゃん

▶団地の一室を延長して部屋から突き出したような構造が独特なカウンター店。お母さんに使っているソースについて聞くと「それは言われへん」と企業秘密を貫くが、お好み焼通が曰く「たぶんブラザーソースがベースでは」とのこと。確かにフルーツとスパイスをしっかり感じる味わいだ。

大阪の鶴橋あたりが発祥とされるジャガイモ入りのお好み焼は阪神間にも昔からあったのだそうで、おそらくは同時多発的に「安くて腹がふくれる具を入れる」という文化が生まれたのだろう。この場所で43年のこちらでも当時からイモ入りがあり、茹でたジャガイモ、別炊きしたスジとコンニャクを入れた「イモスジコン」（750円）がお薦め。ホクホクの甘みあるイモと肉の旨みと甘辛く炊いたスジコンの旨みが男女混合タッグのよう。冬のカキと並ぶ人気の大貝（ウチムラサキ）は不作で高騰ゆえにお休み中だが、常連は代わりにタコとスジを組み合わせていた。魚介系と肉系の合わせ技で体感旨み量が倍以上になる。いろんな味を包み込むソースの受け身力が秀逸だ。阪神青木駅前の同名店は姪御さん夫婦が営んでおり、生地からソースまで全部教えたという。そちらも当然イモ入りあり。

ジャガイモとスジコンの競演は
シャープな味のソースに包まれ。

スジのお好み焼（650円）にジャガイモ、こんにゃく各50円増し。スジ肉は脂が多いとカリカリになる。

ベタ焼きの生地に細切りキャベツ。これでもかと言わんばかりにスジコンをのせてくれる。

神戸市東灘区住吉宮町 1-2-18
☎ 078-811-2009
11:30 ～ 14:30、
17:00 ～ 19:30（日・祝～ 15:00）
月＆第4・5日曜休

創業の「神戸宝ソース食品株式会社」も、この街にあります。

「すえちゃん」と「富士屋」は、いずれも鶴橋が発祥とされるジャガイモ入り、かつスジコンやソースは長田スタイルというクロスオーバー感が「なるほど」と唸らせてくれるもので、お好み焼が「好きなものを入れて焼く」から「地元のお好みを反映させた料理」に変わっていったことを、しっかりと確認することができます。

● 富士屋

▶創業32年。元々は長田でうどん屋を営んでいた藤田信代さんと娘の加藤千加さんの店。今は高校生の頃から手伝っていた千加さんがメインに店を切り盛り。こちらのお好み焼は牛の脂「ヘット」で焼くベタ焼きタイプ。キャベツは千切りで火が通りやすく甘みが出る。ソースは昔から兵庫区のブラザーソース一筋で、震災直後はイカリソースをピンチヒッターに一時使用したが「常連さんの口は肥えてる。すぐにソース変えたやろって言われたわ」とお母さん。多くの店が自家ブレンドや他の材料を混ぜ合わせるなどしているが、こちらはストレート。しかも「ブラザーソースでも格上」のものがあるという。スジは生と炊いたスジの２種類あり、人気は生スジのお好み焼。バラ肉に付く脂が入ったスジをじっくり焼いてパリッとした仕上がり。さぞかし良い霜降り肉に付いていたのだろう、香ばしく甘くとろけるような食感が楽しめる。香辛料しっかりのブラザーソースと牛の脂とライトな生地に生スジの旨みは、まさに鉄板の組み合わせなのだ。

これまたイモ入りもあるので、未体験者はぜひ。賽の目にカットしたジャガイモが、ポテサラにソースをかけたような味わいをプラスしてくれる。

神戸市東灘区住吉宮町 2-17-3
☎ 078-811-1466
11:00 ～ 19:30
木＆第３水曜休

パリッと香ばしく焼き上げた、
霜降りバラの生スジが味の要。

甘辛２種類のブラザーソースでどうぞ。生スジのお好み焼は780円。トッピングのイモは100円、卵は50円。

スジといってもほぼ霜降り肉切り落とし。この脂が焼けることで極上のお好み焼となる。

京都／七条・東九条

地元を超える旨さに、京都の下町で出会う

私にとって京都は、何度行っても「他所の街」です。45ページで、神戸や京都にも行くようになっても、それは「地元」を拡張するための「街デビュー」ではなく、ゆるやかに観光のニュアンスを帯びる……といったことを書きましたが、実はもはや神戸は、かなり「地元」に近い感覚を持っています。それは鮨、中国料理、お好み焼、バーといった飲食店で、「自分の顔」でよく行く店がけっこうあるからです。しかしながら京都は、概ね同じような頻度で訪れているにもかかわらず、決して「地元」にはならない。理由は単純、京都には必ずと言っていいほど、京都に住んでいる友人や仕事仲間を訪ねて行くからです。なので京都で食べたり飲んだりする時は、彼らのよく知るところの「地元のエエ店」に連れて行かれる。それらは確かに抜群の店ばかりなのですが、あとでその友人をスッ飛ばして、別の人間と行くことはまずしない。そうすることが、なんだかあまり行儀の良いことではない気がする。つまり私にとって京都は、「他所の街」としての程よい距離を確保しておくことで、心地よく過ごせる街なのでしょう。西郷輝彦は『星のフラメンコ』（1966年のヒット曲）で「好きなんだけど 離れてるのさ」と歌っ

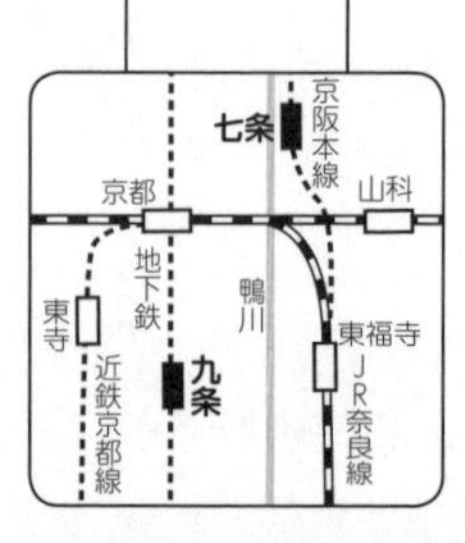

ていましたが、なんとなくそんな感じかもしれませんね。

これは京都の中心街が、「基本的には全て観光地である」という点が、大きいと思います。本書では平安京に端を発する京都の歴史や文化については軽くスルーしますが、全国に「小京都」と呼ばれる観光地が存在することからも明らかなように、「京都＝日本の雅を代表する千二百余年の古都」という定式に逆らうことは、まあ大人げない。大阪の人間が「そんなもん、難波宮の方が旧いんやぞ」などといっても、にこやかに無視されるでしょう。これだけの歴史文化名所旧跡神社仏閣観光名所が揃っている街は日本のどこを探してもないのですからね。

そして京都の人間、わけても「田の字の内側」の人たちは「都」を内面化していますから、「京都のやり方」というのが唯一無二の生き方であり、例えば東京との比較で何かを考えたり論じたりすることはない（そんな必要がないので）。そのような極めてスタティックな街でありながら、京都出身ではないさまざまな住人や、全国から訪れる膨大な「観光客という名の大衆」をにこやかに受け入れざるを得ないがゆえに、「いけず」に象徴される独特のコミュニケーションを生み出したのかも知れません。

そして私はというと、つきあっている京都の人間から「いけず」的なサムシングは感じたことがありません。それは私が多分に、鈍感であることにもよるとは思いますが、この街に向き合うスタンスとして「他所の街」

としての距離を確保しつつも、完全な観光客ではない、という点が大きいかと思います。

さて。浪人生から大学時代にかけて、私は観光バスの添乗員のアルバイトをしていました。観光バスには「配車表」というのがあって、その日の仕事を終えて車庫に戻ったら「明日はどこへ行くのか」を確認するのですが、行き先が京都の場合は「ハズレ」なのでした。人が多い、道は箆棒（べらぼう）に混む、おまけに昼食をとるべき店が少ないし（お寺や観光地なので）、あっても高くて不味い。当時はコンビニなどという便利なものがなかったので、「明日は京都」となると、必然的に自分でお弁当を用意することを意味しました。添乗員のアルバイトの楽しみは、仕事と言いながらも行く先々で観光地を見たり、おいしいものを食べたり……ということが大きかったので、京都はその意味で最悪の行き先です。このときに刷り込まれた「高くて不味い」は、街のライターの仕事を始めて京都の仲間たちと過ごす時間を持つようになるまで、払拭されることはありませんでした。

そして、その「高くて不味い」の払拭の場となったのが、お好み屋でした。それは忘れもしない、「吉野」でのことです。現在は錦市場の漬物店「高倉屋」の店主であるバッキー井上氏が、エディター&ライターを生業としていた頃、朝まで飲んだ後にその足で向かったのが「吉野」でした。彼とその仲間はとにかくよく食べてよく飲む人間ばかりで、よくもまあ次から次へと飲み屋や食いもん屋をハシゴするもんやなぁ……と感心しつつも、どの店もサイコーなので

ただただ付き合うしかなかったのですが、［吉野］は別格でした。「負けた。ここのお好み焼の方が、西成のより旨い」と思ったのは、この時が初めてです。それぞれの街にそれぞれの旨いお好み屋があり、ことお好み屋に関しては、近所の店が一番旨い。このことは下町のエリートたちにとっては常識ですが、その常識を軽々と超えたのが、［吉野］のお好み焼でした（その後に、桃谷や新長田でノックアウト負けを喰らい続けるのですが）。バッキー氏にはその後、［山本まんぼ］にも連れて行ってもらいました。ここも強力で、通称「たかばし」と呼ばれるこのエリアには有名なラーメン店の［本家 第一旭 たかばし本店］と［新福菜館 本店］があるのですが、ラーメンを食べた後に［山

● 山本まんぼ　九条のツバメが個性的な具の味をスイスイまとめる。

▶通称「たかばし」と呼ばれる京都駅東の高架橋沿い、年季の入った団地の１階。創業して69年。入って左奥の大きな鉄板を囲むように６人ほどの席があり、地元客はここに。名物は「まんぼ焼き」なるお好み焼。音楽のマンボではなく魚のマンボウがその名の由来で、薄く伸ばした生地に具と焼そばを入れることでこんもり大きなお好み焼になり、「まるでマンボ（ウ）みたいやな」と命名された。肉、イカ、ホルモン＝ホソ（小腸）、油かす、玉子にネギなど具を全部入れた「全部入り」がお薦め。

ソースは引退した先代がいまだに配合するこだわりで、現店長のみわさんも詳細は知らないという門外不出の味。「厨房の足下にツバメソースのケースがあるんです」とみわさん曰く、ベースはツバメだろうが、独自の配合は先代のみぞ知るところ。甘辛酸味のバランス良くキレのあるその味が個性溢れる具の全てをまとめてくれる。ソースの味付けは甘口、甘辛、辛口とお好みに。初心者は甘辛がお薦め。さらに刺激とコクを求めるなら特製の赤い辛味噌を追加してもらうのが常連の食べ方。

まんぼ焼き全部入り、小が920円、大が1,020円。玉子はよく焼き、半熟、生の３種で注文を。

和食の経験もある現店長。名物ホルモン焼き（450円）もマスト。

京都市下京区下之町56
市営住宅22-103
☎ 075-341-8050
10:00 ～ 22:00（LO 21:30）
水曜休

本まんぼ」に向かい、ホソ焼でビールを飲んで「全部入り」を食べた機嫌のよい日曜日の午前中のことは、日差しの眩しさとともに鮮明に覚えています。

ＪＲ京都駅の南東部には、それまでの自分が全く知らなかった京都の下町の相貌があり、それに寄り添うようにしてお好み焼がある。この事実を知ってから「そういえば」と真っ先に思い出したのは、高校に入る前の春休みにサイクリングで琵琶湖に行った時、たまたま東九条あたりを通り、そこでヤンキーの兄ちゃんらにカツアゲされたことでした。こっちは4人で相手は3

● 吉野　甘辛と刺激のオリソースがホソの脂とがっしり組み手。

▶京都駅から東へ、鴨川を越えて三十三間堂の南西角から南へ。細い路地奥から漂うお好み焼の脂とソースが焼ける匂い。朝から夜勤明けの現場な人たちやナースたちがご機嫌に食べ飲みしている。そんな賑やかな客たちを笑顔であしらうのが店主・吉野久子さんとスタッフの吉川智仁さん。昭和46年創業。

路地奥に笑いが絶えない。ホソ焼き1,000円、オムライス900円。

ソースは北区紫野のヒロタソースを独自調合。ヒロタソースは京風味を名乗り、ダシを混ぜたタレなども造る京都の地ソースメーカー。中でも特にパンチが効いているのが特辛口オリソース。いわゆるたまり系で、辛さもスパイスもガシガシだ。プルプル透明感あるホルモンの脂の甘みにマッチする上、アカと呼ばれる赤玉ポートワイン入りの酎ハイとも相性抜群。シンプルにいくならホソ玉（950円）を、たんまり食べるなら全部入りそば入りのマンボ焼（1,750円）をと、山盛り食べて飲むのが正解。アテのホソ焼やソースライスが卵にくるまれるオムライスなど名作揃い。迷わずダイブされたし。

そば入りのホソ玉で1,100円。アカ450円は35度の焼酎入りと強烈。

京都市東山区上池田町 546
☎ 075-551-2026
11:00 ～ 21:00（LO）
月・火曜休

人でしたが、明らかに年上ですし、裏路地に連れ込まれて凄まれたら、さすがに分が悪い。「お前ら、どっから来たんや」と訊かれて、「あ、西成です」と素直に答えたらパーマをかけた方のヤンキーが「ハァ？　そんな遠いとっから何しに来たんや」と呆れたので、すかさず「この通り、ビンボーなサイクリング旅行の途中なんで、ないんですわ」と財布の中身を見せると、完全に呆れられたのか、「もうエエ。はよ西成まで往ね」と舌打ちされ、難を逃れたのでした。

そんなほろ苦く情けない想い出も、時を経ることでお好み焼の味をしみじみと旨いものにするのだということを、あの頃の自分に教えてやりたい気分です。

● 元祖よっちゃん

▶京都駅から南へ。通称「東九（とんく）」こと東九条エリアにはお好み焼店が多い。創業38年のここよっちゃんは先日移転リニューアル、看板娘のよっちゃんが店を継いだ。お母さんは東京麻布十番に進出し一躍人気店に。東京在住の京都出身者はもう聞き及んでいるだろう。

移転後もメインのソースは変わらずツバメソース。お好み焼には胡椒やニッキなどが香るウスター系と甘さしっかりのとんかつ系の２タイプを用意。さらには常連が好む赤い辛ソースがあり、こちらはツバメではなく「ヨソに調合をお願いしているからメーカーは分からないんです」という秘伝の激辛味。これがまた生スジに合う。甘ソース２割、辛ソース８割を推奨する常連もいる。生スジといってもアキレス系ではなく霜降り肉の肉スジを仕入れ、鉄板で焼いて具にのせる。牛脂系の甘く香ばしい味わいが、薄くのばした生地全体に染み渡るのだからして「そりゃ旨いやろ」。トッピングの卵は、生、半熟、よく焼きと選べるが、半熟ならコクとマイルド感が出てソースとのバランスも良い。ここにもアカ玉があり、各店ベースの焼酎や配合が違う。共通するのは「濃い」という点。甘くて飲みやすく、辛いソースと出逢うとグイグイとジュースのようにいってしまう。別名「ばくだん」。その効果推して知るべし。450円。

生スジを受け止めるツバメ × 特製辛ソース。

お好み焼はデフォルトでそばかうどん入り。すじ玉800円。トッピングの油かすは200円増し。

アギ焼（アゴ肉のスジ、タレか塩、700円）などまず鉄板アテから。

京都市南区東九条柳下町54-2
☎ 075-661-3545
17:00～23:00
火曜休

お好み焼な街を往く ——「まとめ」として

お好み焼とは、それぞれの街の日常である

本章では「下町のソウルフードの王者」としてのお好み焼の相貌を、14の街と32の店から眺めてきました。街の成り立ちやその表情に関する記述に、「ローカルルールへの敬意」を通奏低音としながら、「昭和のあの頃」の私と街との個人的な関わり（それは下町のフォークロアとして一般化できるはず、との願望コミの確信に基づくものです）というレイヤーを重ねる。そこにソースと鉄板の織り成す風景をジュワッと乗せることで、「ソースの手柄」を浮かび上がらせる。——そのような試みがうまくいったかどうかは読者の判断に委ねますが、「地元料理としてのお好み焼」ということについては、その真相及び深層について、ある程度ご理解いただけたのではないでしょうか。

所謂チェーン店的なお好み屋を本書ではあまり扱わなかったことについても、そこからお察しいただけるかと思います。私自身は繁華街では、チェーン店のお好み屋にも、よく行きます。こと関西において、お好み焼はどこで食べても間違いなくおいしいものの一つですから、お腹が空いた時にたまたま近くにあった店に入っても、十分な満足は得られます。一方で、てっち

りや鮨や焼肉といった「ごっつぉ」では、なかなかそうはいきません。なので、これも私の持論なのですが、お好み焼にせよ、串カツにせよ、トンカツにせよ、およそソースで食べるものに「失敗」はありません。そこにも立派な「ソースの手柄」を、見出すことができるでしょう。

本章の冒頭で、「単なる食べ物としてのお好み焼」がそのまま「下町のソウルフード」なわけではなく、「パブリックな場」のダイナミズムが常に作動しているからこそ、お好み焼が「下町のソウルフードの王者」たり得る、と書きました。その論をさらに一歩進める準備が、ここにきて整ったようです。

お好み焼は徹頭徹尾、「日常」の食です。ここまで見てきた風景は「それぞれの街の日常」にほかなりません。ですから、「あそこのお好み屋が旨い」というのは、何が入っているか、ソースは何を使っているのか、といったスペックだけで語り尽くすことは決してできない。「大貝ないんかー。しゃーないのー」とか「今日は敢えてお好み食うてから、焼そば行ったろかいな」とか「さっきちょっと食うたから、イモやんぴにしとくわ」とか「辛いの、もう一発ちょうだい」といった、客と店との淡々とした「日常的な気分」の積み重ねがあって、「たまらん旨いのー」が成立しています。

そうした「パブリックな場」のダイナミズムに思い及ぶことなく、「ディープ」とか「B級」といった表現で括ってしまうことが、いかに横着かつ無教養なことであるか。街や店に関する文章を長年書いてきた中で、私が常に感じてきた違和感……というかムカつきを、この機会に払拭したいと思ったことも、本章に紙幅を費やした大きな理由でもあります。そのような思いが少しでもみなさんに届いていれば、嬉しいのですが。

The Sauce Divers in Osaka & Kobe, Kyoto Down Town With All Our Love

大阪ソースダイバー グラフィティ

大阪（＋神戸・京都）の下町で、日々、ソースと向き合う人、食、街をクローズアップ。下町とソースの蜜月に出会いに、褐色のソースに映し出された人間味あふれる情景へ、いざダイブ！

生野あたりのお好み屋では、小エビが入った天ぷらを割り入れる。さとみ（→ P71）

牛の生スジが旨いベタ焼きを作るのは、京都・東九条［よっちゃん］のよっちゃん（→ P109）

岸里しんみどうのママ。焼そばはドボドボッと辛口ソースをプラス（→ P79）

北新地がる…はお好みも…タッフも、…新地のベッ…ンなビジュ…ルで（→ P49）

ベタ焼きは牛スジのぼっかけが定番中の定番。神戸・長田ゆき（→ P94）

おやっさんの…テコさばきに…思わず見とれ…る。堺東ひか…りお好み焼き（→ P85）

洋食焼におでんのジャガイモと平天を入れてもらえば、ソース&マヨネーズとの相性バッチリ☆しんみとう（→ P79）

かしみんに白い牛脂のミンチは欠かせない具材。岸和田大和（→ P91）

お母さんはいっつも笑ってる。それがいい。京都・七条吉野（→ P108）

ヒロタのたまり系激辛ソースをたっぷり塗っても具のホソ（小腸）は負けない。京都吉野のそば入りホソ玉（→ P108）

高温の鉄板で焼き上げたお好み焼は、タコと油かすで魚介×動物系、旨みのツープラトン。神戸・生田川斉元（→ P99）

▼緑橋の串カツ鈴屋でエビと大エビの食べ比べ。サラリとしたソースにドボンとダイブさせてガブリと食らいつく（→ P198）

仕上げに牛脂のミンチをパラリ。お好みの熱でじわりとソースに溶けていく。岸和田大和のかしみん焼（→ P91）

迷ったらコレで外れなしという常連多し。純ハイにも合う。ヨネヤ梅田本店の盛り合わせ（→ P202）

座ったらまずはコレ。ムッチリ牛スジを白味噌ダレで炊いた名物どて焼。新世界ジャンジャン横丁のてんぐ（→ P180）

カンコンカンコンとテコが鳴る。ストレートのばらソースが米にも麺にも絡む。そばめしの発祥、神戸・長田**青森**（→ P96）

豚肉とじゃがいも、明太子を卵でくるみ、ソース、ケチャップ、マヨネーズと青ノリをあしらったじゃがいも明太子チーズ焼。北新地**がるぼ**（→ P49）

▲お好み焼の生地は使わず溶き卵を生地に。バターに特製ブレンドのソースがマッチ。岸和田**双月**の特別双月焼（→ P89）

▲豚、スジ、イモやゲソ天、キムチなど 10 種類前後の具が一体化するお好み焼は「赤井英和スペシャル」。鶴橋**オモニ**（→ P67）

戦後の闇市がそのまま残ったかのような**鶴橋駅前の国際マーケット**。キムチの店から東へ進めば鮮魚市場まで。

伝説の棋士・阪田三吉ゆかりの新世界。最盛期には数軒が軒を連ねた**将棋クラブ**も、現在はジャンジャン横丁の１軒が残るのみ。今でも日々、熱戦が繰り広げられている。

おやっさん（右）の仕事を見る目は厳しいが接客は優しい笑顔で。２人の息子さんがその味を受け継ぐ。花園町**ひげ勝**（→ P192）

JR大阪駅東側の高架下、新梅田食道街。人気の串カツ屋の暖簾をくぐるといつも立ち呑み客の喧噪と油の匂いが立ち込める。**松葉総本店**（→ P200）

串カツ1本80円～。胃袋に余裕があれば端から順に全部いきたい。こんがりラードが香る、花園町のひげ勝（→ P192）

ヒシウメソースの池下さんご家族。お好み焼、串カツなどのプロから支持されてきた西成の下町の味だ。池下商店（→ P164）

JR 京都駅の東側、通称「たかばし」と呼ばれる高架橋の北側には、有名なラーメン店［本家 第一旭 たかばし本店］と［新福菜館 本店］があり、行列が絶えることがない（→ P107）

映画化もされた元キャバレー［ユニバース］は、昭和 30 年（1955 年）築の「御園ビル」の地下。「ウラなんば」と呼ばれるこのあたりは近年新しい店も増えて、毎晩賑わっているエリア（→ P54 ～ 55）

飛田本通商店街の南入口。この右側が飛田遊廓の大門。左側の［明光］は往時［祇園寿司］があった場所（→ P25 ～ 27）

関西の地ソースだョ！全員集合

ここでちょっとした息抜きとして、関西の地ソースカタログをお届けする……って、逆に息抜きにはならない可能性も大いにありつつ、ですが。ワインのテイスティングと同様、較べなければ分からない地域性や、メーカーごとの「こだわりポイント」の違いはあるものの、まーぶっちゃけ全部旨いです。あまりにも入手が困難なものは基本的に避けていますので、ぜひこの中から「我が家の一本」を見つけてください。

P118～128で掲載する地ソースは、関西の代表的なソースとして今回、編集部で任意で選んだものであり、関西の地ソースを全て包括するわけではありません。また、ソースの選択もウスターを中心に各メーカーの代表的なソース、および個性的と思われるものを任意で選択しています。写真のボトルは今回入手できたものです。それぞれのソースについての感想は、あくまでも著者による私的な感想であり、科学的な根拠に基づくものではありません。ボトルの写真の大小は実際の大きさに比例しません。価格はメーカーの公式の小売販売価格以外は、今回入手した際の価格を表記（税別表記のないものは税込価格）。入手方法については、通販での入手方法を一例として紹介しており、記載の方法以外でも入手可能な場合もあります。在庫切れや入荷待ちの場合もあります。

大阪の地ソースの仲間たち

「大阪＝濃い味」という短絡的なイメージは、ソースの世界では全く通用しない。何にでも合う程良いスパイス感と、旨みがありつつもキレを重視した上品なお味が、メーカーの数だけある。大阪の地ソースがバランス指向なのは、そのまんま「大阪の人間味」であると、言い切ってしまおう。

イカリソース

株式会社イカリソース
（本社：大阪市福島区福島）→P132

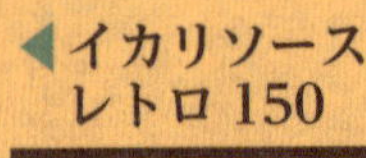

イカリソース レトロ 150

容量／150ml
標準小売価格／370円
通販での入手方法／
イカリソースのHPで入手可

イカリのウスターは関西人にとってはド定番の味。ファーストインパクトのしっかりとした酸味の後に、甘みと旨みが来る。ひつこさがなくて後味を引きずらない、ボジョレーのワインのような印象。レトロはさらに香りが立って、酸味も強く味が濃い。昔食べた味に近い強さがある。果実は粘りが強く、甘みも果実の甘みそのもの。香りは控えめ。

大黒ソース

大黒屋（本社：大阪市福島区玉川）→P144

大阪の味 ウスターソース

容量／500ml
販売価格／367円
通販での入手方法／
大黒屋のHPで入手可

色は黒めだが、味はオーソドックスな印象でフルーツ感がある。難波のお好み焼[おかる]、梅田の串カツ[松葉総本店]などもこのソースを使用。嫌みのない酸味が最初に立って、後に旨みが来る。これは串カツと相性が良いだろう。

関西の地ソース21社33品。まずはソースの色を比較。

編集（以下、編）今日は関西の代表的な地ソースメーカーのソースっていうことで、大阪・京都・神戸それに和歌山の21の地ソースメーカーの33品を集めました。こうして並べると壮観ですね。

堀埜（以下、堀）ほんまやな。まずはソースの色から見てみようか。単純に色の薄さで言えば、見たところ一番薄いのは**ハグルマソースのウスター**やね。それに**阪神ソースの敬七郎**。見た目は醤油みたいやし。しばらく時間経つと分離してスパイス成分が沈澱しきっている。同じように薄いのが**オジカソースのウスター**。

曽束（以下、曽）オジカも分離してますね。

堀　明らかに薄いというのがぱっと見で分かるのがその3つで、あとは中間的にちょっと茶色系なのが**ニッポンソース**、それに**ブラザーソースのウスター**。**イカリソースのレトロ**も色薄い。**ツヅミのいちじくソース**や**ヒシウメソースのウスター**は褐色というより茶色やね。

編　色だけで見るとその辺が薄いですね。

堀　逆にウスター系で圧倒的に真っ黒なのは**タカワソース**

イカリ ウスターソース300

容量／300ml
標準小売価格／240円
通販での入手方法／
イカリソースのHPで入手可

イカリソース 果実150

容量／150ml
標準小売価格／370円
通販での入手方法／
イカリソースのHPで入手可

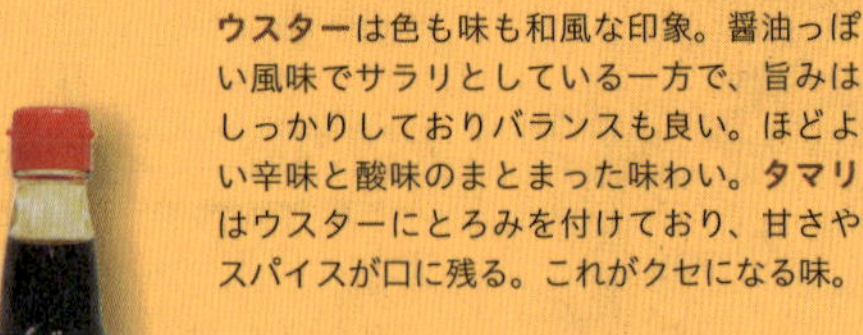

ヒシウメソース

池下商店
（本社：大阪市西成区松）→P164

◀ヒシウメ ウスターソース

容量／360ml
販売価格／370円（税別）
通販での入手方法／Amazonほかの通販サイトで入手可
※左写真は1.0L入りペットボトル

ウスターは色も味も和風な印象。醤油っぽい風味でサラリとしている一方で、旨みはしっかりしておりバランスも良い。ほどよい辛味と酸味のまとまった味わい。**タマリ**はウスターにとろみを付けており、甘さやスパイスが口に残る。これがクセになる味。

◀ヒシウメ タマリソース

容量／360ml
販売価格／370円（税別）
通販での入手方法／Amazonほかの通販サイトで入手可

と**味露ソース**かな。

曽　イカスミみたいです。

堀　**ツバメソース**も結構黒いね。**ばらソース**は**ウスター**、**焼そば**、**お好み辛口**も、3品とも全体的に黒い。**プリンセスソース**、**ワンダフルソース**も濃いめやね。一番中間っぽい色は**イカリソースのウスター**と、ちょっと茶色めやけど**ドリームソースのウスター**か。

曽　そうですね。若干赤みがあって、茶色に振れている。

堀　**ヒロタの水割り串カツソース**も黒いけど、これはこのまま食べるんじゃないやろ。

曽　食べる時は水で2倍に薄めてです。

堀　食べる時にはもっと薄くなるんやね。

ドロドロで粘りの強いソース。時間とともに分離するソース。

堀　後は全体に基本的には褐色という中でドロドロのもの。**ヒシウメソースのタマリ**とか、**ばらソースのお好み辛口**の2つは真っ黒で粘りがあるのが見た目でわかる。

曽　ソースが盛り上がっている感じです。

堀　**ブラザーのどろからソース**は、**お好みとんかつやばらソースお好み辛**

ヘルメスソース

石見食品工業所（大阪市東住吉区住道矢田）
→P154

お好み焼の［千房］、［ぼてぢゅう］でも使われているという地ソース。味濃くはっきりした味。最後にスパイスが残りつつも雑味がなく、バランスも良い。

ヘルメス ウスターソース▶

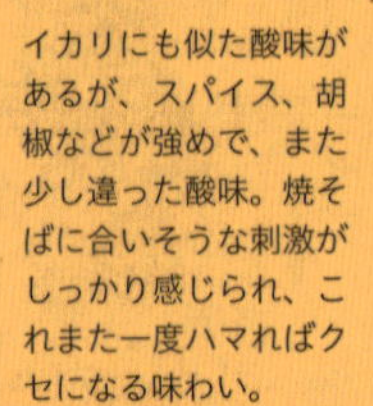

イカリにも似た酸味があるが、スパイス、胡椒などが強めで、また少し違った酸味。焼そばに合いそうな刺激がしっかり感じられ、これまた一度ハマればクセになる味わい。

容量／900ml
販売価格／648円
通販での入手方法／ヘルメスソースの通販サイトで入手可

タカワソース

和泉食品（大阪府松原市天美北）

◀タカワ　ウスターソース

容量／300ml
販売価格／320円（税別）
通販での入手方法／
和泉食品のHPで入手可

フラット、逆に言えば何かの要素が立ち過ぎない、バランスの取れた味。酸味を好む人には物足りないかも知れないくらい。旨みもきっちりあり、串カツに合いそう。食べた後に雑味が感じられないのは、自然派指向が強めゆえ。同メーカーに**パロマソース**のブランドもある。

口と比べると、粘り感がちょっと薄いんやろうか？ 見た目、ぼこぼこになってる。

曽　これはとろみを付けてあるんですね。本物の「どろ」はウスターの沈澱物ですから。

堀　ソースってしっかり振って食べないとあかん印象があったんやけど、こうやって見たら完全に分離してるのは**敬七郎**と**オジカソース**ぐらいで、後はさほど分離してない。

曽　**ハゴロモソース**と**プリンセスソース**は若干分離しつつある感じです。時間の経過もあるんでしょうけど。

堀　**ばらソース**も時間の経過とともにちょっと泡出てきてる、じわっと。これは添加物の関係とかあるのかな。ラベルにはっきりとカラメルと書いてあるのと、カラメルは使わずに糖分と野菜だけで甘み出しているのと、そんな違いもたぶん色目に関係してるんやろな。

イカリソースのウスターが、関西人にとってのデフォルト。

堀　あと確認しておきたいのが、色が濃いのが味が濃いということなのかどうかとか、色が薄ければどうなのかと。仮説で言うと、**阪神ソース**

星トンボソース

星トンボ食産工業所（大阪府東大阪市渋川町）

赤茶色に近い色合いで、マイルドさより味のエッジがバシッと来る。唐辛子も効いて、スパイスも強め。酢とスパイスを軸にフルーツ感を足したようなイメージ。果実感が残る印象だ。

◀星トンボ ウスターソース

容量／500ml
標準小売価格／450円（税別）
通販での入手方法／
星トンボ食産工業所のHPで入手可

金紋ソース

金紋ソース本舗
（大阪市旭区太子橋）

▶金紋 ウスターソース

容量／500ml
販売価格／420円（税別）
通販での入手方法／
金紋ソース本舗にTEL注文でお取り寄せ可

ツヅミ いちじくソース▶

容量／500ml
販売価格／486円
通販での入手方法／
ツヅミ食品のHPで入手可

南河内産のイチジクを使ったソース。香りから既に甘く、味わいもプリンのカラメルの手前くらい。甘い系が好きな人にはとんかつにかけてもいいかも。お好み焼にはマヨネーズをかけずに、この旨みだけで食べたい。

ツヅミソース

ツヅミ食品
（大阪府羽曳野市恵我之荘）

京都の地ソースの仲間たち

観光客には絶対に分からないのが、京都の地ソースの世界。実は京阪神でもっとも「濃い味好き」の京都だけに、旨みというか「ダシ感」が強く、お好み焼＆焼そばにマッチするものばかり。一度惚れたら地獄の果てまで……な京都ソースに、どっぷりとお浸かりやす。

オジカソース

オジカソース工業（京都市山科区勧修寺東出町）

◀オジカ ウスターソース

容量／250ml
販売価格／420円（税別）
通販での入手方法／
オジカソース工業のHPで入手可

魚醤と醤油でコクをプラス。ウスターなのに比較的とろみがありフルーツ感が強いのは、ラベルを見て納得の赤ワイン入り。他にトマト、リンゴ、タマネギ、デーツも。大正7年（1918年）に祇園で創業。伝統を守りつつ新しいものも取り入れる柔軟な姿勢である。

の敬七郎とか**SUNRISE in 1984**が、国産のソースの初期に近いであろうという再現型の代表格だとしたら、そこから日本の食卓に合うべく、醤油よりに振ったものと、ウスターソースとしての独自の道を行っているものと、それとお好み焼とか焼そばに合うように振っていっているものと、という味の振れ幅を見ておきたい。

曽　時代軸で言うと、お好み系のソースは完全に戦後、普及したものですよね。

堀　たぶん新世界の串カツ屋とか、私の生まれ育った西成界隈では、**イカリソースのウスター**を一番食べてたと思うねん。家でも**イカリソース**やったし、**イカリソース**をそのまま使っている店が多かった。関西の食卓ということでは、地ソース系を除けば一番普及したのが**イカリソース**のはず。そういう意味では、**イカリソースのウスター**がソースの味としては、我々関西人のデフォルトに近い。

編　味はどうですか？

堀　**イカリ**はファーストで酸味がスコーンと来てから甘みと旨みが来て、しつこさがない。トップノートの酸味の後に甘味が来て、さっと味が消えていく感じ。ファーストインパクトとしての酸味は、**イカリ**が一番しっかりあると思う。

曽　最初の酸味が圧倒的に立っ

味露ソース

日の出食品（京都市中京区壬生西大竹町）

アジロ ウスターソース▶

容量／1.8L　入手価格／907円
通販での入手方法／
「ソルト関西」などのショッピングサイトで入手可

昭和7年（1932年）上京区で酒類、醤油の髙山商店として創業。戦後、現在地で日の出食品を設立してソースの製造を開始。塩分を強く感じ、旨みや酸味よりも塩味を中心にした味作りと思われる。甘めの醤油にも近い。京都のお好み屋でよく見かけるだけあって、お好み焼に向いた味わい。

ツバメソース

ツバメ食品（京都市南区東九条西明田町）

◀ツバメ ゴールドソース

容量／500ml
販売価格／383円（税別）
通販での入手方法／
ツバメ食品にTEL注文でお取り寄せ可

昭和5年（1930年）から続く京都のスタンダードなソース。ノーマルのウスターよりも香辛料、原料を吟味した少し辛口なのがこのゴールド。酸味と旨みとスパイスがきっちり来るオーソドックスな味わい。個性は違うがイカリや大黒と同系列な印象。

てるのは**イカリのレトロ**ですね。

堀　**イカリ**は無難さプラス酸味やねんな。私がこの味になんで馴染んでいるかというと、近所の串カツ屋が全部、**イカリ**だったから。家でも使ってたし。でもそう言えば、「**イカリ酸っぱいやろ**」って言ってた人おったわ。酸っぱいのが苦手な人はソースも苦手やった。今日、これだけ食べ比べしても、**イカリのレトロ**の酸味ははっきり分かるもんな。すぐ治まるんやけどな。

曽　余韻が残りすぎないですね。

大阪と京都、神戸、それぞれの地ソースの違い。

堀　大阪のソースって総じて、そんなに個性派を目指していない気がするね。**イカリ**、**大黒**、**ヘルメス**とか、このあたりが最もオーソドックスなソースか。

曽　いわゆるソースらしいソースですね。

堀　ソースの主原料は野菜と果物やけど、ソースをコレだけ食べ比べすると、確かに口の中に残るのは野菜と果物を煮詰めた味やな。

曽　**ヒシウメソース**さんにお伺いした際に、「他の地域に比べて大阪のソースは甘いというのは自覚している」とおっしゃっていました。

堀　よく大阪の人間は甘いもん

◀まるごと昆布ソース ウスター

容量／200ml
販売価格／432円
通販での入手方法／
ヒロタソースのHPで入手可

水割り串かつソース▶

容量／200ml
販売価格／389円
通販での入手方法／
ヒロタソースのHPで入手可

京風味ウスターは牡蠣エキスなど旨み成分をふんだんに加えた重層的な旨み。**まるごと昆布**は名前通り昆布が丸々1本漬かっていて、より粘りや旨みが濃い。**水割り串かつ**は2倍に希釈して使用。塩味、ダシ味の強さがヒロタソースらしさだ。

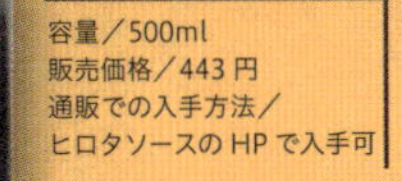

容量／500ml
販売価格／443円
通販での入手方法／
ヒロタソースのHPで入手可

◀京風味 ウスターソース

ヒロタソース

ヒロタソース（京都市北区紫野下鳥田町）

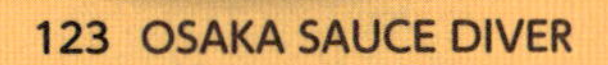

神戸の地ソースの仲間たち

文明開化な洋食屋さんのソースから、インパクト絶大などろソース系まで、神戸のソースはなかなかの個性派揃い。前川清の「神戸泣いてどうなるのか」への返答として、ソースダイバー的には「そらアンタ、どろソースかけ過ぎでっせ」としか言えないのであってね。

阪神ソース　阪神ソース（神戸市東灘区本山南町）

日ノ出ウスターソース

容量／500ml
販売価格／330円（税別）
通販での入手方法／阪神ソースにTEL、あるいはメール注文でお取り寄せ可

日ノ出ウスターはマイルドで洋食感あり。明治30年（1897年）当時の味を再現した敬七郎は世界初のソースメーカーであるイギリスのリーペリン・ソースに近い味わい。ウスターよりさっぱりの無添加。**SUNRISE in 1984**は創業100周年記念として誕生。厳選した原料と伝統技法で作られ、長期熟成。上品な味わいだ。

が好きって言うのは、甘みと旨みというのは基本的には同根。鮨の酢飯の話でも江戸前は甘み旨みは要らんから魚の味をそのままで、甘い部分は米の甘みがあるからっていう考え方で。一方、そこにちょっとダシとか足して甘みを出すのが、大阪の酢飯の作り方。我々はずっと大阪で鮨食ってきたから、東京の鮨はたまに食べたら旨いけど、ずっとこれやったらキツいなって、ちょっと思うところはある。

曽　大阪の鮨屋でも、東京の鮨をまねしてやろうっていう店あるじゃないですか。そういうの見てると、もうちょっと緩めてもええんちゃうかなって思います。

編　大阪のソースに比べて、京都や神戸のソースはどうですか？

堀　こうやって比較して分かるのは、神戸の方は**ばら**や**ブラザー**とかのインパクトが強い個性派で、京都は**ヒロタの昆布ソース**とかダシの効いた旨み系で。大阪のソースは総じて個性があまり強くなくて、バランスが良い。京都のソースは**ヒロタの昆布ソース**に代表されるような、ある種のダシ感というか、醤油の隣にあるものを目指して作っているような気がする。京都のソースって全部旨みが強い中で、**ヒロタの昆布ソース**は、昆布を旨み感はもちろん粘り感を出すのに使っ

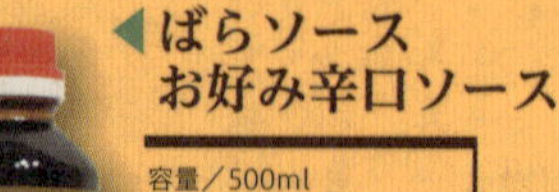

ばらソース　ばら食品（神戸市長田区庄田町）

ばらソース お好み辛口ソース

容量／500ml
販売価格／300円（税別）
通販での入手方法／ばら食品にTEL注文でお取り寄せ可

ばらソース ウスターソース

容量／500ml
販売価格／300円（税別）
通販での入手方法／ばら食品にTEL注文でお取り寄せ可

ウスターは旨みとがっつりの酸味、スパイスは程良く独自の風味。ガーリック、オニオンの味も強い。**お好み辛口**は辛さは程々で旨みエキス感がより濃く感じる。舐めながら飲める味。**焼そばソース**は長田のお好み焼に特有の濃厚な個性あり。

SUNRISE in 1984

容量／200ml
販売価格／500 円（税別）
通販での入手方法／
阪神ソースに TEL、あるいはメール注文でお取り寄せ可

敬七郎

容量／200ml
販売価格／500 円（税別）
通販での入手方法／
阪神ソースに TEL、あるいはメール注文でお取り寄せ可

ているっていうのがはっきり分かるようなソースやな。そもそも昆布が丸々、ソースの瓶の中に入っている。水に昆布ずっと入れてたら粘るやんか。旨みと粘りを同時に出すという昆布の使い方やねんな。それが面白いと思う。

曽　**ヒロタソース**はその反面、**水割り串かつソース**みたいなのも作っているし。なぜそんな方に行くのか、ちょっとわからないです（笑）。

堀　でもある意味、京都っぽいよな。京都の人って、大阪の人間からすると「こんなとこに拘ってもな」っていう変なところに拘っているくせに、肝心なとこどうでもいいってとこがあるから。そっちどうでもいいのに、なんでこっち拘るねんって。

曽　一方で、我々は大阪的な甘辛い方に寄っていて、それがおいしいと思っているけど、大阪や京都の一般の人は**ばらやブラザー**はビックリするんじゃないですか。

堀　大阪の人間は**ばらソース**とか**ブラザーソース**とか、長田の個性強い系はさっぱり分からへんやろな。食べたことないから。

編　ソースだと言わなかったら、ソースって分からないかもでしょうね。

堀　この**ばらソース**の味は大阪では味わえへんやろな。この道は、ほんま帰って

ワンダフルソース

ハリマ食品（兵庫県尼崎市食満）

ワンダフルソース ウスターソース

容量／500ml
入手価格／460 円
通販での入手方法／
Amazon ほかの通販サイトで入手可

タマネギ、リンゴ、16 種のスパイスなどを直径 2 メートルの木樽で熟成。ばらやブラザーなどの個性派の後だと甘みを感じる。オーソドックスでタマネギの味が強い。オニオンソース的なタマネギの甘さの世界。ラベルのイラストの世界感にも繋がっている。

ばらソース 焼そばソース

容量／500ml
販売価格／300 円（税別）
通販での入手方法／
ばら食品に TEL 注文でお取り寄せ可

ブラザーソース　森彌食品
（神戸市兵庫区下沢通）

長田ではばらソースと並ぶ2トップがこのブラザー。ウスターはバランス良くまろやか。**お好みとんかつ**はさらに甘くまさにお好み焼向き。**どろから**はウスターのオリ、いわゆるどろソースでこれこそ辛口、酸味もスパイス感も豪快。

▼ブラザーソース ウスターソース

容量／300ml
販売価格／220円
通販での入手方法／
森彌食品のHPで入手可

◀ブラザーソース どろからソース

容量／300ml
販売価格／320円
通販での入手方法／
森彌食品のHPで入手可

▼ブラザーソース お好みとんかつソース

容量／500ml
販売価格／310円
通販での入手方法／
森彌食品のHPで入手可

来られへん道やな（笑）。

曽　ここで終わりみたいなね（笑）。

堀　家でお好み焼作る時、これを使ってたら、他のソースが頼りなく思うって言うのは分かるわ。

曽　**ばらのどべソース**（いわゆるどろから）をお好み屋のおばちゃんに瓶に入れてもらって、家に帰って、焼そばにちょこっと塗ったら、もうコチュジャンとか要らないです。

堀　焼そばをおかずにしてご飯食べてビールを飲む、関西の人間にはおかずとして最高やな。焼そばだけだと味が濃すぎるから、ソースで飯を食うっていう人間は**ブラザー**が好きやろな。辛さを消すために、ビール飲み続けるしかない。

曽　で、マイルドにするためにマヨネーズをつけるっていう。

堀　なるほどね。マヨネーズはこんな濃い味に比べたら、マイルド系のものという。

曽　神戸の長田のお好み屋は**ブラザー**と**ばらソース**が多いです。二分してるぐらい。

堀　**ブラザー**の方がクセが強くない、バランスが良い味かも。

曽　あんまり暴れてない感じですね。どっちが甘いかな。たぶん**ブラザー**の方が、お好み焼と合わせたら甘いって評判

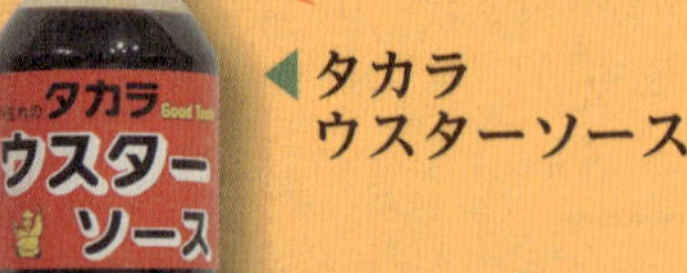

タカラソース　神戸宝ソース食品
（神戸市東灘区住吉宮町）

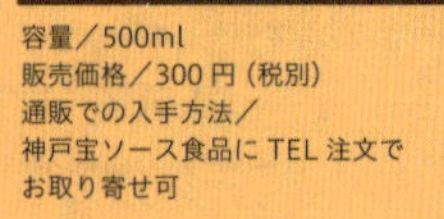

◀タカラ ウスターソース

容量／500ml
販売価格／300円（税別）
通販での入手方法／
神戸宝ソース食品にTEL注文でお取り寄せ可

阪神住吉駅すぐの地ソースメーカー。ルーツは広島の呉市で、大正の頃に神戸でソース製造を開始。ダシ醤油のような旨みもしっかりとあり、ワインビネガー、十数種の香辛料を用いた独自の味と香り。ここの**たまりソース**はウスターのタンクの底に下りたスパイスたっぷりの激辛で、家でのお好み焼＆焼そばにぜひ。

プリンセスソース

平山食品（神戸市灘区城内通）

酸味や辛さはおとなしめの印象だが、味の決め手のニンニクのパンチ力がしっかりで、かなり独創的な仕上がりに。肉系にも合いそうな地力あり。このオリを用いるどろからはさらに刺激たっぷりで、一部のお好み焼好きのマストアイテム。

プリンセスソース ウスターソース

容量／500ml
販売価格／310円
通販での入手方法／
平山食品にTEL注文でお取り寄せ可

やと思います。

堀　**ブラザー**でも**どろから**になると、スパイス感がすごい。これこそ辛口。唐辛子も胡椒も両方来る。強力やな。

編　これ舐めながら酒飲めますね。

堀　めちゃめちゃ味引き摺るなぁ。長田のお好み屋とか、これドバドバいくからね。

曽　これ食べたら、もう他の味分からんようになりますね（笑）

堀　カレーと同じで全てを支配する的な全能感。

曽　長田のお好み焼はこの強烈なソースの上にマヨネーズも塗りたくりますからね。

堀　マヨネーズでマイルドにするんやな。

曽　**ばらや**や**ブラザー**の旨さは、いわゆる消費文化での「阪神間」でイメージされる人は分からへんかもしれへんけど、阪神沿線の人は分かるんちゃいますか。

編　なるほど。うまいこと言いましたね。

堀　同じ神戸でも、**阪神ソース**の**日ノ出**とか**敬七郎**とかは、非常にバランスの良いおいしいソースやな。何かが突出しているわけじゃないけど、何にでも使えそうな。すごくオーソドックスな洋食屋の味。他のソースと比べて、全然違うポジショニングやな。洋食感がハンパない。家の食卓に置いておきたい味はコレかな。

ニッポンソース

ニッポンソース（神戸市西区押部谷町）

ニッポンソース ウスターソース

容量／300ml
入手価格／442円
通販での入手方法／
ソース通販サイト「ユリヤ」などで入手可

手作り感あるおいしさ。バランスがとれていて酸味柔らかく、優しい甘みがふわ～んと広がる。香りも甘め。長田でも番町地区あたりで支持率高し。生田川の［斉元］でもブレンドに使用。もちろん串カツなどの揚げ物にも合う。

ドリームソース

木戸食品（兵庫県明石市西新町）

ドリーム ウスターソース

容量／490ml
販売価格／356円
通販での入手方法／木戸食品のHPで入手可
※右写真は業務用1.8L入りペットボトル

味は非常にオーソドックス。野菜ベースに10数種のスパイスを配合。フルーツ系の甘みはすっと消えるが、甘味料と思しき甘みがぐぐっと後を引く印象。昔の紙芝居で食べたせんべい＋焼そばにあった味はこの系統だったような気がする。

ハグルマソース

ハグルマ（和歌山県紀の川市桃山町）

昭和９年（1934年）に浪速区で創業した羽車食品工業がルーツ。野菜と果実、オイスターと醤油の旨みとコクをプラス。ワインも用い、化学調味料やカラメル色素、甘味料は不使用。糖類の甘さは強めだがオーソドックスなおいしさ。

国産野菜・果実使用ウスターソース

容量／200ml
希望小売価格／300円（税別）
通販での入手方法／
「ソルト関西」などのショッピングサイトで入手可

和歌山の地ソースの仲間たち

本書は「大阪＋神戸・京都」の体ではあるが、堺市の浜寺から和歌山の紀ノ川に移転したハグルマは、ソースの黎明期を支えた「三ツ矢ソース」も扱うため、無視するわけにはいかない。南海電車とのご縁も深い「南のソース」を、この機会にぜひご賞味あれ。

お好みに合うのは個性派。串カツに合うのは洋食系。

堀　こうやって順番に見て行くと、お好み焼系のソースは濃くて個性が強いのが多くて、串カツに合うと思うのは洋食系のソースという感じがする。

編　一番、串カツに合うのはどのソースでしょうね？

曽　**タカワ**と串カツは合います。串カツのラードが合うんでしょうね。

堀　**タカワ**は初めての感じやけど、おいしいな。心惹かれるものがある。

曽　油が入ったら**タカワ**はおいしいですね。ソースだけだと他のソースに圧されている感じがあったんですけど、串カツに浸けたら「できる子」になりました。

編　**大黒**も串カツに合いますね。

堀　**星トンボ**も串カツには合うタイプやね。

曽　油と相性がいいんでしょうね。串揚げ系のサラッとした油には合わないかもしれないけど。

堀　油と合うソースは、味全体が一発で来るわ。ソースだけが立って来ない。ソースの旨みの部分がちゃんと活かされてる。**イカリ**もそうやけど、ソースだけ舐めたら酸味が強いソースも、油と混ぜたら酸味がそ

三ツ矢ウスターソース

容量／360ml
希望小売価格／320円（税別）
通販での入手方法／
「ソルト関西」などのショッピングサイトで入手可

明治27年（1894年）に大阪市西区新町で製造開始。発売当初は「洋風醤油」と銘打たれた国産のウスターソースの元祖系。昭和44年（1969年）に現在のハグルマが継承。90日以上木樽で寝かせて熟成するため、ワインのような、突出のない落ち着いたバランスよい味わい。

んなに来なくなる。それで旨みの部分だけちゃんと残る。それをちゃんと分かって、そういうバランスで作っているんやな。食べ物にかけたときにどういう味になるか、きちんと計算してる。

編　他に串カツに合いそうなソースは？

堀　**敬七郎**とかの洋食系のソースも串カツの牛肉とかには一番合うと思う。

編　でも串カツだともったいない気もしますね。

堀　このへんのソースはドバッと使うタイプと違うしな。

神戸 地ソース独占！

オレたちトンガってます！

超個性派 トンガリランキング

1. **ばらソース ウスターソース**
2. **ブラザーソース ウスターソース**
3. **プリンセスソース ウスターソース**

個性派ということでは神戸の地ソースの独壇場。長田で人気を２分する**ばら**と**ブラザー**に**プリンセス**が加わり神戸のトンガリ３巨頭。健康志向とか完全に無視しているカットビ感（あくまで勝手な私感）。この個性的な味に一度ハマると抜け出せなくなること必至。**ブラザーのどろから**はその最右翼。長田のお好みを操る個性派たち、体感すべし！

関西地ソースのプリンス？

お上品ランキング

1. **阪神ソース 敬七郎**
2. **オジカ ウスターソース**
3. **阪神ソース 日ノ出 ウスターソース**

世界初のソースメーカー、リーペリン（英国）を思わせる世界標準な正統派は、洋食屋の味。**阪神ソース**の２品に食い込んだ京都の**オジカ**は赤ワインによるフルーツ感が充実。いずれも味がマイルドでバランス良く、家の食卓に置いておきたいと思わせるのが上品さの由縁か。

曽　ソース差しに入れてちょっとかけるタイプですね。卓上ソースというか。あと**タカラソース**とかは揚げ物には個性的すぎる気がしますね。

堀　まぁビール飲みながら串カツ食べると、どのソースにつけても結局、基本おいしい。つくづくビールって偉大やな（笑）

曽　油、ソース、ビール、そりゃ旨いやろって感じですね。

編　いやいや今日の主役はソースですよ（笑）。

洋風醤油かくありき？

関西地ソース 和風ランキング

1. **三ツ矢ソース ウスターソース**
2. **ヒロタソース 京風味ウスターソース**
3. **アジロ ウスターソース**

国内初のソースっぽい液体調味料で当初は「洋風醤油」として販売された**三ツ矢ソース**が当然の１位。バランスの良い、落ち着いた味。それに続くのは、ダシの甘さが効いた京都の**ヒロタの京風味ウスター**。３位は同じく京都、塩分の効いた**アジロソース**。やはり醤油に近い味わいが和風を感じさせる３品。昆布を一本丸ごと入れた**ヒロタのまるごと昆布ソース**が次点。

第2章
ソースメーカーの工場を訪ねて

●イカリソース【イカリソース株式会社】
●大黒ソース【株式会社 大黒屋】
●ヘルメスソース【株式会社 石見食品工業所】
●ヒシウメソース【株式会社 池下商店】

下町文化としてのソースを巡る旅は、ここでちょっと寄り道。
大阪を代表する大小のソースメーカーの工場を訪ねた。
規模の大小や企業理念によって、当然、生産するソースの種類や生産量も異なるが、
共通していたのは、街場と食卓の味に深く関わるからこその自信と矜持。
人々に愛され親しまれる味を守り、受け継ぐプロフェッショナルな現場から、
今日、美味しいソースが作り出されている。

イカリソース（本社：大阪市福島区福島）
イカリソース株式会社（西宮工場：兵庫県西宮市鳴尾浜）

●大阪ソース界の「元祖的存在」の体力やいかに

国産ソースを取り巻く文化の歴史については28ページで詳しく言及したが、「昭和のあの頃」の大阪の食卓では、ソースといえばイカリのウスターソースを指していたと思う。

ということで、大阪の地ソースの工場を廻る前に、まずは関西人にとってはソースの元祖とも言えるイカリソースを訪ねることにしたい。

「今でも皆さん、イカリソースが最初だと言われます。イカリソースの存在がソースの普及に貢献したというのは大きいかもしれませんね」と、イカリソースの上席執行役員であり、西宮工場長を務める成冨正幸さん。

イカリソースの歴史は、明治29年（１８９６年）、日本のソース文化の黎明期に本格的なウスターソースを製造販売した「山城屋」の創業まで遡る。旧・イカリソースが創業した地は、現在の大阪市西区阿波座。旧・イカリソースの創業者が中国の天津でウスターソースに出会い、さっそくソースやスパイスを日本に持ち帰ってイ

かつては懐かしのキャラクターをペイントした宣伝カーやバスが大阪の街を走った（写真提供：イカリソース株式会社）

ギリス人コックの指導のもとで試行錯誤を重ね、オリジナルのソースを開発。イカリのブランド名称とロゴは、旧・イカリソースの創業者が乗り込んだ船が火事になり、自分の救命袋を妻子ある友人に譲り、自身は観念して海に飛び込んだ。もう駄目だと諦めかけていたところ、目の前にあった救命ランチの錨綱（いかりづな）に捕まって、九死に一生を得たことから、感謝の気持ちを忘れないように、自らの商品に「イカリ」の名を付けた、とのエピソードによるそうだ。

当初は「錨印ソース」と称していたが、明治45年（1912年）に大阪市此花区伝法（でんぽう）に工場を竣工。その後、昭和26年（1951年）に社名を山城屋からイカリソース株式会社とした際に、商品名も「イカリソース」となった。昭和26年といえば戦後の復興から高度経済成長への移行期であり、イカリソースの普及は

往時の製造光景。かつては大きな木桶でソースの製造が行われた（写真提供：イカリソース株式会社）

往時の瓶詰めの様子。イカリソースは昭和28年(1953年)に、ソース業界で国内初の全自動瓶詰めラインを稼働させている(写真提供:イカリソース株式会社)

容量 12,000L の釜２機をはじめ、大小のタンクを合わせるとざっと 64,000L もの容量に。もはや想像が追いつかない量である。

そのまま大阪の家庭へのソースの普及とシンクロしていたわけだ。さらに昭和45年（１９７０年）に九州工場を、昭和56年（１９８１年）に西宮工場を竣工し勢いに乗る流れは、昭和のソース文化の勢いを物語る。数年前に諸事情により会社清算されたが、ブルドックソースがそのブランドを譲り受け、ブルドックソースの子会社をイカリソースという社名に変更してブランドを継承して、平成28年（２０１６年）には創業１２０周年を迎えている。

今回訪れた西宮工場は敷地総面積が１万２０００平方メートルと、甲子園のグラウンドとほぼ同じ規模を誇る大工場で、商品アイテム数は約１９０種、１日の生産量は約30万本、年間５千万本と、大量のソースを製造している（本数はいずれも３００mlパック換算）。日本全国で見た場合、ソースメーカーの３大大手といえばブルドックソース、オタフクソース、カゴメの3社となるが、大阪ではあいかわらずイカリソースの支持が高いのは、昭和の頃に普及した際の「味の記憶」が、多くの人々に残っているからだろう。

受付ではハンディのセンサー（皮膚温度計）を顔に近づけることで体温を測定。通されたのは応接室というより会議室。プロジェクターによるイカリソース西宮工場の説明を、工場長自ら行なっていただいた。

大まかな流れの説明を終えると、衛生服を着て、いよいよ工場内へと入る。工程的には5つの部屋に分かれている。

①仕込室＝材料や原料を計量するなど製造の前段階。
②製造室＝ソースを釜で加熱して製造する場所。イカリソースでは一つの釜の中で一つのソースを作り上げる。
③貯蔵室＝液体原料、ウスターソースの濾過（ろか）などを行う。
④充填室＝製造室から直接、ソースを送って容器に充填。内蓋をする。
⑤仕上げ室＝冷却、ラベル、箱詰め。

温度や素材を入れるタイミングなど、別室で一括管理されている。ろ過、調合、仕上げ、殺菌を経て、冷却すれば充填機へ。

これらの工程を経た後、製品倉庫に運ばれて出荷を待つ。また、工場内には複数のラインがあるが、おおまかにメインのラインは３つ。オートメーションの３ラインが一斉に稼働して、業務用から家庭用の製品が大量に生まれる。

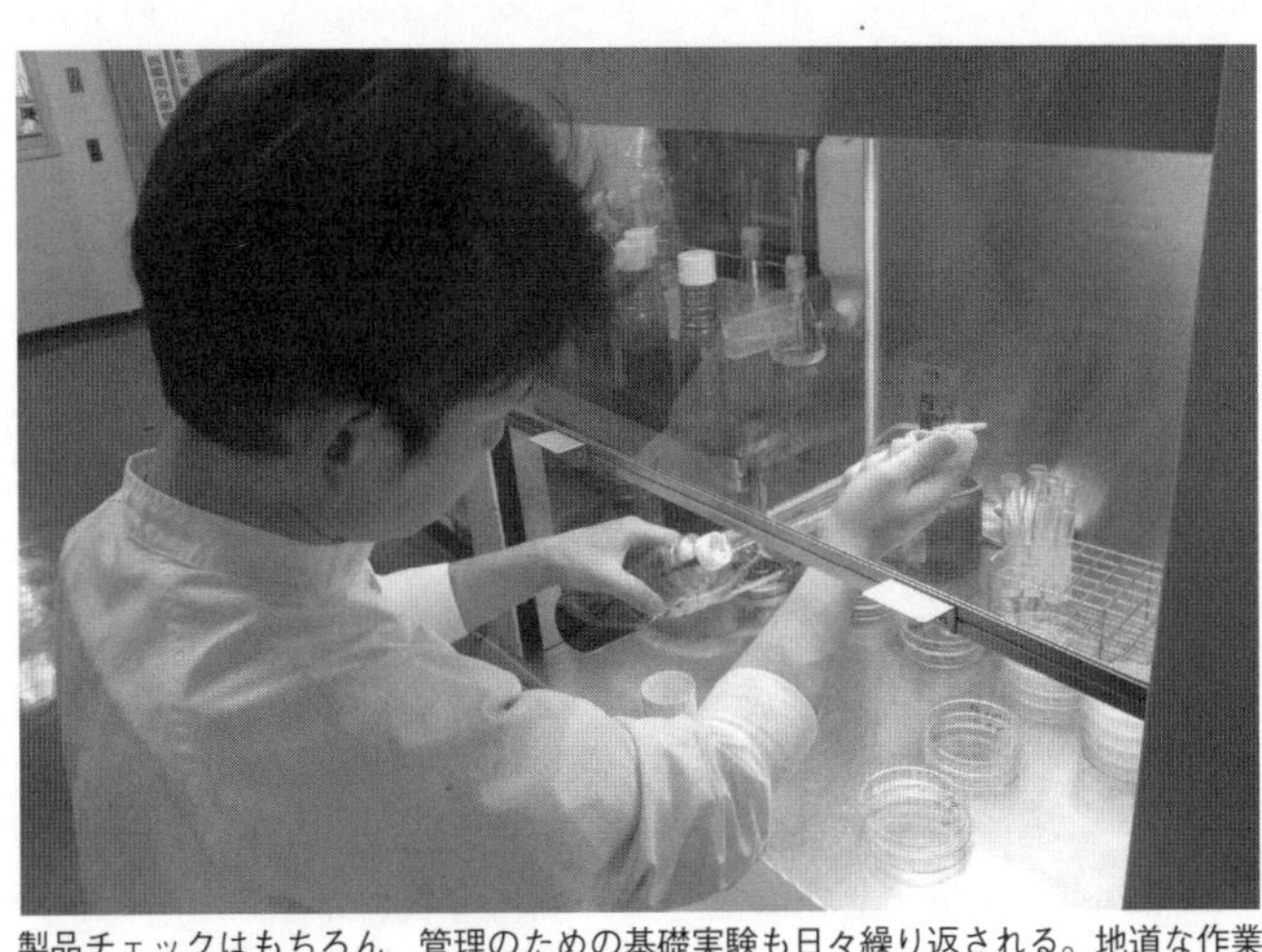
製品チェックはもちろん、管理のための基礎実験も日々繰り返される。地道な作業の積み重ねで安全が守られている。

その心臓部とも言えるのが、釜のある製造室だ。釜のサイズは１万２０００Ｌの釜が２つ。６０００Ｌの釜が４つ。４０００Ｌが４つ、２０００Ｌが１つ。その他、１０００Ｌの釜が４つある。後述のメーカーと比べると、いかにイカリソースの規模が巨大なものかお分かりいただけるだろう。

トマトをベースに、「隙がないバランス味」を確立

イカリソースの特色として、トマトをベースとすることが挙げられる。

「主原料は、まずトマト。タマネギ、リンゴ、香辛料、それからお酢、砂糖、その他いろいろ

シナモン、クローブ、ナツメグ、ローレル、セージ、胡椒、唐辛子、生姜、ターメリックなど、商品によってスパイスが調合される。

入ってますが、まずはトマトがメインに来るのがイカリの味のベースです。トマトに関しては、リコピンが入っており、ビタミンも豊富で旨み成分がある。味もさることながら、ヘルシーであるというのが大きい」

「味については、他社メーカーより辛いとか甘いとかそういう話ではなく、イカリソースとして世の中に認められている味というのでしょうか。香辛料が際立っていながらもバランスがまとまっていて、甘さがベタっとしない。他社メーカーだとずいぶん甘い商品もあります。口に残る辛さというのも、唐辛子が辛いのか、黒胡椒が辛いのかで、後味の感じ方や香りまで変わってくるので。そのあたり、イカリソースとしては会社の品質

野菜や果物など、先に下準備される工程は、加熱製造とは別室で。

管理や企画開発で、常にバランスに細心の注意を払っているんです。私たちはイカリソースが一番旨いと思って作っています」と、成冨さんは笑う。

関西、特に大阪のソースメーカーは「いろんなものを加えながらも、全体のバランスをとっている」というところが多いのは、やはりイカリソースの「一番隙がないバランス味」を、ベースにしているのだろう。だからこそ串カツもキャベツも、どれにも丸く対応するような印象になるのだ。

どのメーカーもとんかつソースが主流になっているのが昨今のソース業界事情だが、その中でもウスターソースが健闘しているのが、イカリソースの強み。

「関西はウスターととんかつ。中濃は、関東中心ですね。その境界はやっぱり愛知と静岡が分かれ目。関西は食材に合わせてソースを使いますが、関東では万能な中濃がメインということですね」。

ソースの味の決め手は、との質問には、

「ブレンドと加熱ですね。ソースの味を決めるのは、ま

圧巻のラインを見下ろす。2017年3月には食品安全マネジメントシステムのひとつ、FSSC 22000を取得。

ず加熱。火が入り過ぎると焦げちゃいますから。温度管理は、今は自動化していますから、行き過ぎないように自動でストップします」

「品質管理はもちろん重要で、最終的に同じ味、同じ品質のものを提供しています。昔は職人技、櫓で混ぜていた時代もありました。伝法に工場があった当時のソース作りの様子を知っているのは、今はもう社内でも私しかいません（笑）」。

多様化へ向かいつつ、変わらぬ姿勢

約30年前に発売された瓶詰めのイカリソースのレトロ（復刻版）の味は、今のソースの平均的な嗜好とは違う「昔のソースのスタンダード」で、関西の

回転式の充填機。充填室の中に空気を遮断した空間を作り、充填機を配置。外気から二重三重に守られて衛生が保たれている。

シュルシュルと流れるボトルたち。充填〜キャップ取り付けまで、空気に触れる時間はごく短時間。

ソースの味比べ（119ページ〜）でもその点を強く感じましたが……。

「イカリソースレトロは酸味、塩味、香辛料のスパイス感、辛味が若干強く、現在のウスターソースの方は、まろやかでバランス良く、旨み、酸味、辛みがイカリソースレトロに比べると抑えめです。昔から馴染みのお店の方からは、ちょっと甘くなったとか、酸味や塩味が少しマイルドになった、といった話は聞きますね」。

「イカリソースレトロと食べ比べると、味の違いがはっきりと分かるかと思います。イカリソースレトロは手間暇をかけた手作りで作っていますから、最低でも1カ月かかりますし、香り造りにもこだわっています」と、イカリソースレトロには思い入れと愛情がたっぷり詰まっているという想いが伝わってきた。

イカリソースで製造されている商品は、ソース、ケチャップ、ドレッシング、焼肉のタレなど幅広く提供されていて、「食の幸せのとなりに」をスローガンに、多彩な食生活に応じた、メーカー側からの提案、仕掛けを続けることで、ソース需要のキープに対応し、新たなユーザーを広げていくことで全体の底上げも図っている。

衛生や設備、食材や製品の多様化など、大手であるイカリソースも進化し続けている。でもオートメーションの中にも、まだまだ長年受け継がれてきた経験による、人の手や目が生きている。

無人の無機質な場所で作られているわけではないことも分かった。人の味覚に届けるための製品作りは、歴史や精神が土台となっている。さらに安心安全の道は続くだろうが、すべての根っこにあるところは「食の幸せのとなりに」という姿勢。それは明治の頃から、きっと何も変わってはいないのだろう。

キャップの取り付けが終わるとラベル貼り。これまたあっという間に回転式のシール機がペタペタと。

製造年月日を捺印してラベルを貼り付けるラベラーを通過。自動的に箱を作り、箱詰めするケーサーへ。

西宮工場の成冨工場長。伝統の味を守りつつ、新しい商品を生み出し続けるイカリソースを支える。

左からウスターソース（300ml 入り、240 円）、レトロ、果実（ともに 150ml 入り、370 円）、デミグラス仕立てのお好みソース（300g 入り、300 円）、マスタード仕立てのお好みソース（300g 入り、300 円）、タイ風焼そばソース（290g 入り、260 円）。

イカリソース

☎ 06-6453-1155（本社代表）
●本社
大阪市福島区福島 3-14-24
福島阪神ビルディング
●西宮工場
兵庫県西宮市鳴尾浜 1-22-6

大黒ソース（本社：大阪市福島区玉川）
株式会社 大黒屋（港工場：大阪市港区福崎）

大阪地ソースの、頼もしき大手

大阪では数多くの串カツ屋やお好み屋で支持を集めている大黒ソース。大阪府が推進する「大阪産（もん）ブランド」の商品にも選定されており（大阪府下では他に東大阪の「星トンボソース」もある）、名実ともに大阪を代表する地ソースといえる。その創業は大正12年（1923年）で、初代社長の大西義一氏の個人事業としてソース及び食酢の製造を始め、昭和23年（1948年）に株式会社大黒屋を設立している。その創業の地は旧・大淀区で、平成20年（2008年）まで朝日放送があった界隈だったが、戦災に遭ったために疎開し、大阪に戻ってからは現在の福島区玉川で営業を再開。平成20年（2008年）に港区の新工場が完成するまでは、中央市場にもほど近い玉川でソースを作り続けていた。

「ソースの原料となる野菜、タマネギやトマトはピュレを使うのが一般的なのですが、昭和30～40年代は、タマネギは中央市場で買ったものを潰して入れてましたね。また市場で安いカボチャやニンジンがあったら、これも入れたり。今は全てピュレですが」と、同社の常務取締役の大西正之さん。現在は3代目となる大西英一さんが社長を務めている。

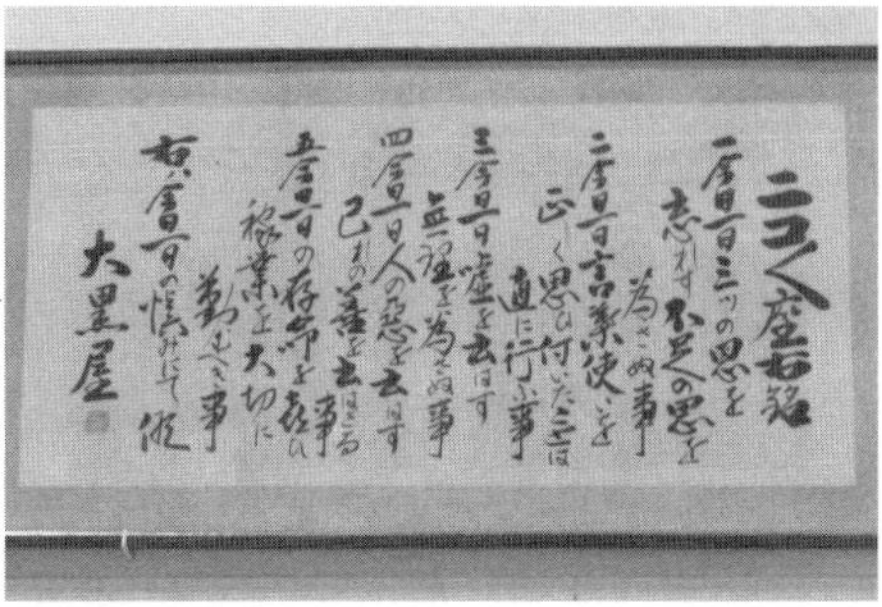

元は全農の米倉庫だった建物ゆえ梁の間隔も狭く堅牢。往時は２階にも米を積んでいたので、ソースや原料、機械等の重量でも大丈夫。

壁に掲げられていた「ニコニコ座右銘」。「今日一日言葉遣いを正しく思い付いたことは直に行ふ事」など、毎朝の朝礼で従業員さんたちが復唱する。

材料のブレンドの様子。長年の経験による年季の入った作業により、ゆっくりと確実に撹拌されていく。衛生面にも細心の注意が払われている。

中堅メーカーではあるが、大阪の地ソース界では商品数も生産量もかなり大規模だし、メインはもちろんソースなのだが、「酎割」という焼酎専門のカクテル飲料（大阪のお好み屋でよく見かける）や、醤油、酢、ポン酢、タレ類を作っているのも、この規模ならでは。現在の港工場は2階建ての立派なもので、多品種にわたる商品をここ1カ所で製造している。港工場は元々全農米の倉庫だった建物を5分割して、そのうちの一つを工場として改装。建物は堅牢で、出来上がったソースや機械などが大量にあっても床はびくともしないという。なお工場の移転にあたってのポリシーは、先代の会長さんの「大阪でずっとやってきたから、大阪を出たらアカン。大阪を出たら大阪の味やないやろ」との発言に基づくそう。大黒屋さんのホームページの会社紹介の文章にも、そうしたこだわりを感じることができるので、少し抜粋しよう。

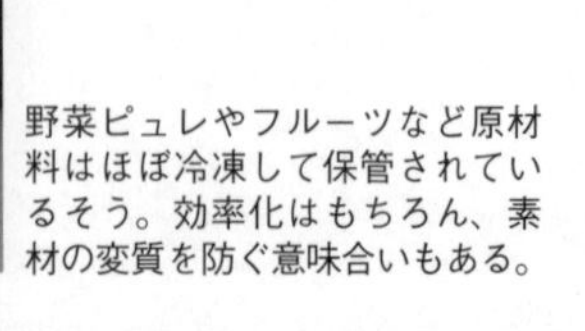

野菜ピュレやフルーツなど原材料はほぼ冷凍して保管されているそう。効率化はもちろん、素材の変質を防ぐ意味合いもある。

倉庫内に２重に建屋があるため、製造の現場は外気ときっちり区分されている。大型のタンクがぎっしりと奥に続いてるのがお分かりいただけるだろう。

大正12年の創業から90年余り。「食いだおれの街」大阪の食文化とともに育ってまいりました。思い返せば、味にこだわるお客様の声に、常に耳を傾けてきたように思います。その根底には、いつも街や人と差し向かいで接するコミュニケーションがありました。「食いだおれの街」で生まれ育ったからこそ、肌感覚で捉えられること。それが、味へのこだわりはもちろん、お客様のニーズに対するきめ細やかな対応がこだわりと信頼に繋がっています。

実に頼もしい言葉であり、「いつも街や人と差し向かいで接するコミュニケーション」とは即ち、本書に伏流する「ローカルルールへの敬意」に相違ないと思う。

個人経営の店を支えるオリジナルソース

「味にこだわるお客様の声」とあるように、大黒屋では個

加熱処理の工程も、最終的には長年の経験を積んだ目でしっかり監視することで味と品質が保たれる。

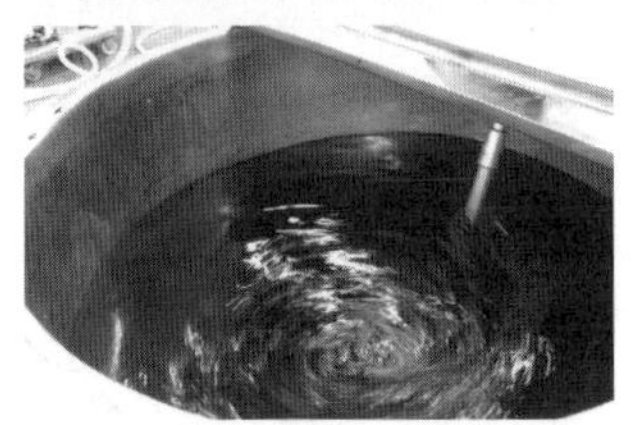

リンゴピュレ、トマトペースト、冷凍タマネギペースト、スパイスなど、指定された分量の素材が煮込まれていく。

人経営のお店用の小ロット（100L〜）から大規模チェーン向けの大ロットまで、オリジナルソースの製造も、積極的に受注している。

「いろんな形で、味のイメージをオーダーされますね。例えば、今は大黒ソースをダシで割って使っているので、もうちょっとそちらに近づけてほしいとか、大黒ソースをもうちょっと辛くしたものを作ってくれないか、逆に甘くしてくれないか、とか。ゴマが入っているようなキーサンプルを持ってくる方もいました。そうしたオーダーに細かく対応していくと、年に20〜30種類、5年経ったら150種類とか、すぐに増えていきます。ソースだけじゃなくてね、タレもそうですし。焼肉、焼鳥のタレ、塩ダレとか。ポン酢もありますし。ノンオイルであれば何でもできるんです。油が入ると無理ですけどね、ホースとか配管掃除するのがダメになるので」

「お店を閉店されたらそのお店のために作っていたソースはもう作らなくなりますけど、全体の生産量はやはり減るよりは増える傾向にあります。少ない量でも妥協はできませんか

中堅メーカーと言われながらも、決して大手にひけを取らない設備を揃えている。容量100〜5000Lの大小の釜8基を設備、稼働させている。

元は生成りの色合いだったFRP製の貯蔵タンク。ウスターソースはこの中で1カ月程度、オリが下がりきるのを待つ。

ら手間もかかりますし、ソースメーカーとしては微妙なところですけど、その分だけ大阪の味を作っている、という自負もあります」と大西さん。

　では、工場を拝見しよう。まず1階は倉庫で、商品がパレットに振り分けられてズラリと並んでいる。天井が高く、大型トラックがそのまま入って商品を積むことができるのが強みだ。「建屋内の建屋」の製造室には、１００～５０００Ｌの大小の釜が合計８基、所狭しと並んでおり、たちまちスパイスの香りに包まれる。

「スパイスの調合は秘密ですが、うちの場合は製品の種類も多いので、メーカーさんであらかじめブレンドしてもらったスパイスではなく、すべて一から自社でブレンドしています。あと、うちのソースの個性としては、まずリンゴベースというのがポイントです。他社のメーカーさんは甘みを出すためにデーツをたくさん入れたり、トマトがベースのところが多いですね。リンゴが一番にくるということは、味がフルーティーで、どちらかというとあっさりした味わいになり

空のペットボトルをエア洗浄し、クリーンな状態で充填される。充填機のノズルが移動することで省スペースに貢献。

充填が終われば次はキャップパーツの取り付け。さらに回転しながらラベル貼り。ここまでがフルオートで進む。

いよいよ最終段階。折りたたまれた段ボール箱が次々セットされて、シュタタタと自動で箱詰めされていく。

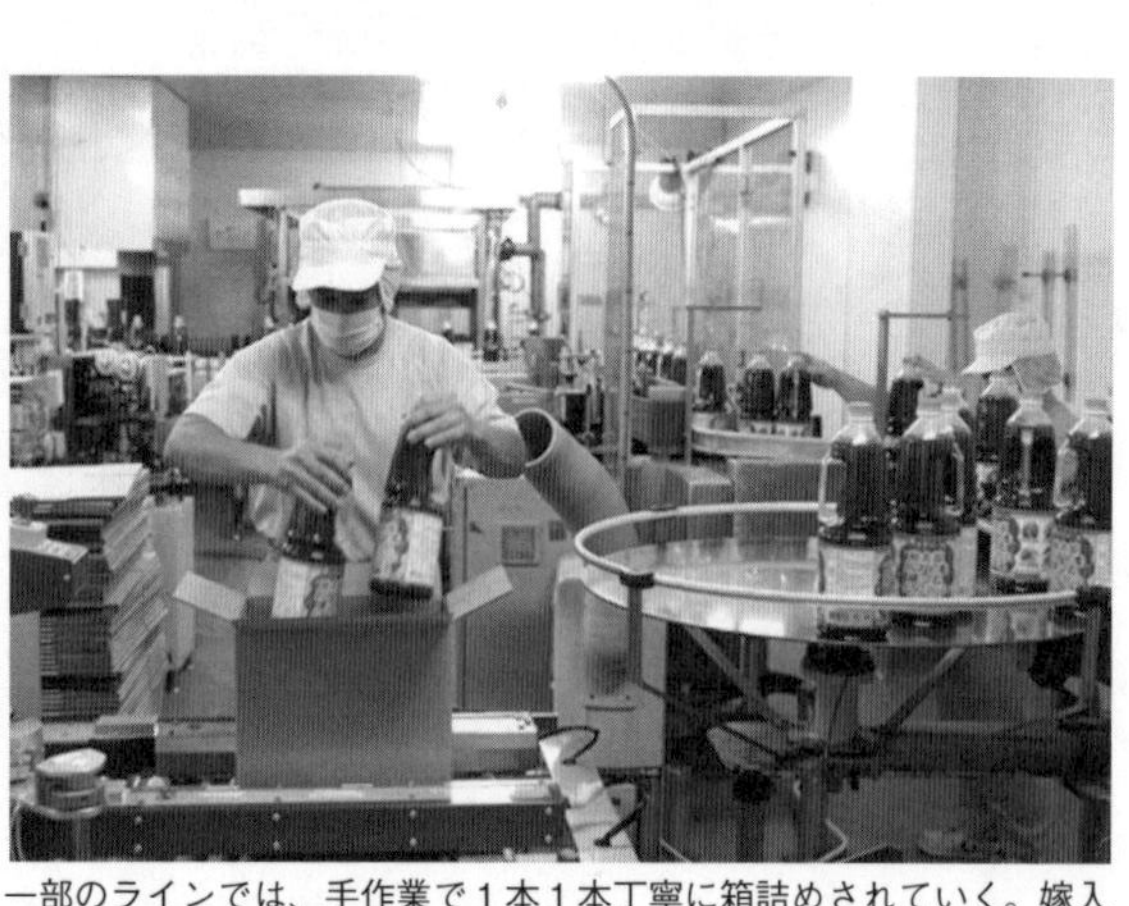

一部のラインでは、手作業で１本１本丁寧に箱詰めされていく。嫁入りする娘を送り出す父親の気持ちの如し？

ます。ウスターソースの発祥は、葉物野菜とか果実とか入れて置いといたらソースになりました……という話ですが、果物はイギリスだと、リンゴなんですよね。だからうちは、ウスターソースの発祥のイギリスに極めて近いやり方でやっている」。

なるほど、何かのスパイスが突出した感じはなく、全体的に香りがマイルドだ。大西さんは続ける。

「うちのソースは、あまりスパイシーではないかも。ウスター自体、多めに上澄みをとってるのが要因ですね。オリ下げは、あまりとっていませんし。他社さんではオリも含めてウスターを作っていることがあるみたいですから。だからウチのウスターソースは、ほとんどオリが底に溜まらないんです」。

「スパイスも材料も、時季によって状態が変わりますので、まったく同じものはできません。同じ桃太郎トマトを使ったソースでも、青いのが入ったり、かなり熟れたのが来たり。ソースを作る前に保管状態をコントロールして調整はしますが、最後はやはり味をみての調整になるんです。加工品を使えばそうした調整も楽なのでしょうが、うちは自然のものを使うこともありますので」。

その味をチェックできる方は、社内に何人ぐらいいらっしゃるんですか？

「それはもう、品質管理の担当が全員でチェックしますね。一つの商品を、１～２人で見るんですけど、『ちょっと』と感じると、全員で官能検査を行います」。

「もともとソースというのは、出来たてより１～２ヶ月経ってからのほうがおいしいんですよ。なので一回作って、次に同じものを作るのはだいたい１ヶ月後なんです。その段階では、必ず前に作ったものの方がおいしいんですよ。カレーもそうですけど、段々と角が取れて、馴染んできて」。

味に違和感があれば即座に微調整するなど、全てのソースは厳密＆最深の品質チェックを通して商品に。

特注品などの味作りや製品開発も日々ここで行われる。ソースはもちろん、大量の調味料を組み合わせて試作されている。

ウスターソースは、ＦＲＰ（繊維強化プラスチック）製のタンクで１ヶ月、オリが下がりきるのを待つ。タンクの色はもともと生成りっぽい色だったのだが、ソースが貯まるあたりまでは、飴色に変色している。

こうして完成した

ソースは、パイプを通じて階下の自動充填機へ送り込まれ、ペットボトルに充填されていくのだが、この充填機がユニークで、充填機自体が移動する。キャップの取付けもラベル貼り、箱詰めまで基本はオートメーションなのだが、小ロットの商品については一部手作業も発生するようだ。

地元に愛され続ける名物ソースとして

大黒屋さんの看板ソースは、大阪府が推奨する大阪産（もん）にも認定されている「フルーツソース」。「フルーツソースが大黒屋の代名詞というところがあって、それがベースで各種の濃厚ソースが出来上がっている。お好み屋さんにも、そのまま使ってもらっているところもあります。基本、何にでも合うようには出来てるんですよ、軽い酸味と甘みとコク、という」。

工場が玉川にあった時代が長いので、福島区の地元や此花区では、家庭でも大黒ソースが支持されている。福島の区民祭りではご奉仕価格で販売するのだが、その時だけしか安く売られることはないので大行列ができ、中にはケース買いする人もいるという。そして

串カツ屋でのソースダイブが家でも楽しめる人気上昇中の串かつソースの壺入り。250 g 381 円。

岡山県産の桃太郎トマトを配合し、甘みと旨みを生かしたシリーズ。岡山東商業高校の生徒さんと一緒に開発したコラボ商品。トマトの旨みがぎっしり。

協賛していたなんば花月劇場のポスター。下に大黒フルーツソースの文字が。当時の新喜劇の主演は奥目の八ちゃんこと岡 八郎。

酎ハイの原液である「酎割」の製造も35年前から行い、着々とシェアを伸ばす。関西以外ではこっちの方が有名だったりもするとか。

一般売りでいま一番売れているのが「串かつソース」。そのままのネーミングで売り出したのは大黒屋さんが最初だそう。

「最初は『薄たーソース』という名前で出したんですが、売れなくて。『串カツに使うから串かつソースでええんちゃうか』ということで素直なネーミングにしたら、売れ出した。うちで串かつソースをやり出してから、また串カツ屋さんが増えて。新世界でも、パチンコ屋や遊技場や演芸場の跡地で、串カツ屋さんが増えているんです。そうした新しい店では、けっこううちのソースを使っていただいてるんです」と微笑む大西さん。その笑顔は、街場の味に深く関わるからこその自信が感じられるものであった。

本社倉庫兼事務所は昭和60年（1985年）に増設。

大黒ソース

株式会社 大黒屋
☎ 06-6441-6363（本社代表）

●本社
大阪市福島区玉川 2-9-26

●港工場
大阪市港区福崎 3-1-61

ヘルメスソース（大阪市東住吉区住道矢田）
株式会社 石見食品工業所

「幻のソース」の生まれる現場へ

「住道矢田」と書いて、「すんじやた」。大阪の難読地名は数あれど、地元に縁があるか、難読地名マニアでない限り、すんなりと読める方は少ないのではないか。同地の2丁目にある「中臣須牟地神社」の「須牟地」が「住道」になったという説が有力だが、神社の縁起には「呉国の使いが住吉の津に泊まり、この月に呉の来朝者のため道を造って、磯果の道に通じさせた」とあり、その道を「住吉道」と呼んだのが、吉が省略されて「すみみち」、さらに省略され「すみち」、「すんじ」となった、という説もある。中臣須牟地神社は、かの中臣氏（のちの藤原氏）の祖先を祀るものなので、このあたりで氏族が渡来人を供応していた、という史実の名残りのようである。

地下鉄谷町線の喜連瓜破駅から住道矢田へと歩くと、昭和の頃からの長屋が点在する。途中で新しい増築している所も。

東住吉区住道矢田は、近鉄南大阪線の矢田駅と地下鉄谷町線の喜連瓜破駅の間に位置し、どちらからも徒歩15～20分という市内ではかなりの僻地であり、ゆえに旧い長屋や市営住宅と、真新しい商業施設や住宅が混在し

国道309号線の瓜破の交差点から南へ。高度経済成長期に建てられた府営住宅が続く。かつての下町から都心への勤め人が暮らす郊外へ変遷した時代の証左がここに。

近鉄南大阪線の矢田駅の駅前（上）と駅前商店街（下）。小さな駅前通りには居酒屋や雑貨屋さんなどが並ぶ。

ている。

ヘルメスソースを作っている石見食品は、昭和28年（1953年）に生野区で創業、初代の坂井一男氏から3代続く家族経営によるソースメーカー。現在は家族4人と社員2人、合わせて6人だけでソース作りを続けている。ギリシャ神話に登場する商業の神様「ヘルメス」からソースの名前を命名し、ラベルのトレードマークにはそのヘルメスが持つ「カドゥケウスの杖」をあしらったセンスは、かなりのハイセンス。現社長の3代目・坂井一喜さんによると、「創業前に、当時のサントリーの大番頭さんと親戚であった祖父が『洋酒の商標はうち（サントリー）が取ったけど、ソースではまだ誰も商標を取ってないから、取っておきなさい。これからは洋食の時代やから、ソースを勉強しに行ったらええ』と言われて修業に出て、起業する際に商標を押さえたそうです」と語る。そんな坂井さんは、電車の運転手か気象予報士になりたかったのだが、成り行き上で家業のソースメーカーを継ぐことになったそうだ。

「うちは親父が早く亡くなったので、2代目の先代は叔父でね。私の高

ここで「幻のソース」は作られている。大きな間口のシャッターの向こうにすぐ作業場、倉庫などソースの現場が広がる。

校在学中に父が余命1年と言われて、母には『アンタは好きにしてエエ』と言われてました。その頃はまあソースが調子良く売れていたので、会社もあまり心配はなかった。ところが徐々にソースの需要自体が減ってきて、もう廃業した方が……というところまで行ってしまった。そんな一方で、近所の人に『おいしいソース、少し分けてちょうだい！』とも言われて、手応えを感じ始めてて……」。

「そんな時に雑誌の『ミーツ・リージョナル』の取材で、青山さんという女性の方がウチの噂を聞いて、取材に来られたんです。その時に、ウチだけやのうて、他にも地ソースメーカーさんがいろいろあるからと、ソース工業会の名簿を見てもらった。大阪だけじゃなく、神戸には神戸の、京都なら京都のメーカーさんがある、と。我々は小さい部類ですけど、他にも中堅、大手さん、いっぱいあるので。その時の『ミーツ』の記事を他のマスコミの方が見たのが、第一次の地ソースブームに繋がった。全ては『ミーツ』さんの取材からやと思てます」。

ちなみに「第二次地ソースブーム」は、ネット通販の普及が大きい。希少なソース

右奥のタンクで作られたソースが、左奥の充填室で手作業で瓶詰めされラベルが貼られる。２階にはスパイスを調合する部屋が。

昭和三十年の「ヘルメス HERMES」の商標登録通知書。当時の登録料は「金三十圓也」。今も大事に保管されている。

でも予約して待ちさえすれば手に入るようになったことで、全国で数多くの地ソースメーカーが廃業の浮き目に遭わなくて済んだことだろう。

ウスターソースの希少価値が「幻」に

ヘルメスソースが「幻のソース」と呼ばれるのは、その限られた生産量ゆえ。家族経営なのでそもそも生産量は他の地ソースメーカーに比べても少ないが（1回の生産量は、最大で750L）、特にウスターソースは3週間～1カ月に1回しか出来ないため、必然的に「幻」となる。現在の生産のメインは全体の8～9割を占めるとんかつソースで、お好み屋やたこ焼屋、最近ではカツサンド用のソースなど、業務用だけで「嫁入り先」がほぼ決まっているので、一般向けの流通量が限られてくることも、「幻」につながっている。

「お祖父さんが言うてたんですが、ソースは主役になったらアカン、と。舐めてもおいしくなかったらもちろんアカンけども、お好み焼やたこ焼の生地、キャベツや豚肉などの具材、いろんな味が混ざりあって『このソースが旨い！』となるようなものを作っていかなアカン。まあこの話は、母親も含めてしょっちゅう聞いてましたね」。

2階にあるスパイスの調合室はこれぞソースというまどろみさえ感じる様々なスパイスの香りに満ちている。

３代目の坂井一喜さん。「温度などはある程度、管理できますが、やはり最後は経験に基づく感覚ですね」。

吟味した素材を煮込んで、香辛料・酢・調味料などを合わせる。味を決めるのはやはりスパイスで、十数種の素材をソースによって組み合わせる。一時期はブレンドされたものを仕入れていたが、結局ソースの種類をいろいろと作ることで自家ブレンドに至り、個々のスパイスを思うように調合するようになった。今も倉庫のスパイスを置いている部屋には、昔の職人さんたちがレシピのメモを壁に直接書き込んだものが一部残されていた。撮影しようとすると、「あんまりはっきり写さんといてくださいね。見る人が見たら、もう全部わかるんですわ」と笑う坂井さん。「同業のソースメーカーさんから、

『アンタとこは珍しいな。ソース一本で、ホンマようやっとるわ』とよく言われるんですけどね。ソース業界は横の繋がりもあって、旅行や研修会とかでいろいろ情報交換をするんです。他のメーカーさんはお客さんのニーズや味の好みに合わせて、たくさんの種類の商品を作っていかないとやっていけない……ということなんですが、それはもう生産量の桁が違いますから。うちは今の種類でも目一杯なので、種類を増やすことはできないんです」。

これがウスターソースを熟成させる時に底に溜まるオリ。旨辛とんかつソースにも再利用される。

味についても、基本的には「昔ながら」にこだわる。ゆえに、原料が廃番になったりすると、その都度、頭を悩ます羽目になる。

「味を変えない、守る方が難しい。常に一定の味を提供するための微妙なバランスが、やはり難しいです。夏場は汗をかくので、ソースの塩分を感じやすくなる。それも見越してわずかに糖分を増やしたりはしますが、あくまで『ヘルメスの味の幅』を保っています。そのために毎回味見するのが私の仕事。材料に関しても、ロッ

ウスターソースにはより多くのスパイスを使用。タンクから布で漉して、ここからじっくり熟成される。

トで仕入れる際に味見して、どうしてもリンゴなどは時期によって変わったりもしますし、香辛料一つにしても微妙な出来の差があって、色目からして違っていたり。あんまり違っていたらさすがに交換して、とか言う時もあるんですけど」。

「一番悩むのはとんかつソースの粘度、粘りですね。季節によっても変わりますし、同じ時季でも気温差があって、作ったときの状態と瓶詰めして実際使うときとズレが出てきますし。真夏なら真夏、真冬なら真冬という頃なら安定していて楽なんですけど、１日で10℃気温が違うような季節の変わり目が一番気を遣いますね」。

貯蔵タンクからフィルターとパイプを通して送られるソースを、手作業で１本ずつ丁寧に充填していく。

「幻の味」を、次世代に受け継ぐために

どのような業種でもそうだが、小規模な家族経営の場合は、必ず直面する

トレードマークが入ったシール状のラベルを両手でまっすぐ貼ってススッと広げる。水平を保つのも人の感覚。

のが後継者問題だ。

「それはうちも、後継者がいてないんで。ただ結局、ソース業界は皆仲が良いので。皆さんそれぞれに微妙な問題を抱えられている状態ですが、業界全体で支えていこう、と。今は私が元気なので大丈夫ですけど、いつかはもう別の工場で作ってもらって、ヘルメスのブランドを残していくような時代が来るんじゃないかなぁ、という気はしています。世の中を見回した時に、どんな業種でも合併とかが進んでいますしね」。

そう、今回の取材を通じて深く感じ入ったのが、関西のソース業界の「横の繋がり」の強さだ。大手から中堅、小規模まで、月に1回は交流しているという。

「このあいだも業界の会の旅行で、三重の賢島まで行きました。お昼は和食の店で食べたんですけど、宇治山田の駅前で『大阪風お好み焼』という店があってね。『ホンマに大阪のソース使こてるか、誰か聞いてこい』『ジャンケンで負けのが聞いてこい』『三重県のソース使こうてたら、怒るでぇ』

キャップ部分の取り付けもまた手作業による。そっとセットしてキャップをのせてテコの原理でクイッとはめ込んで次の作業に。

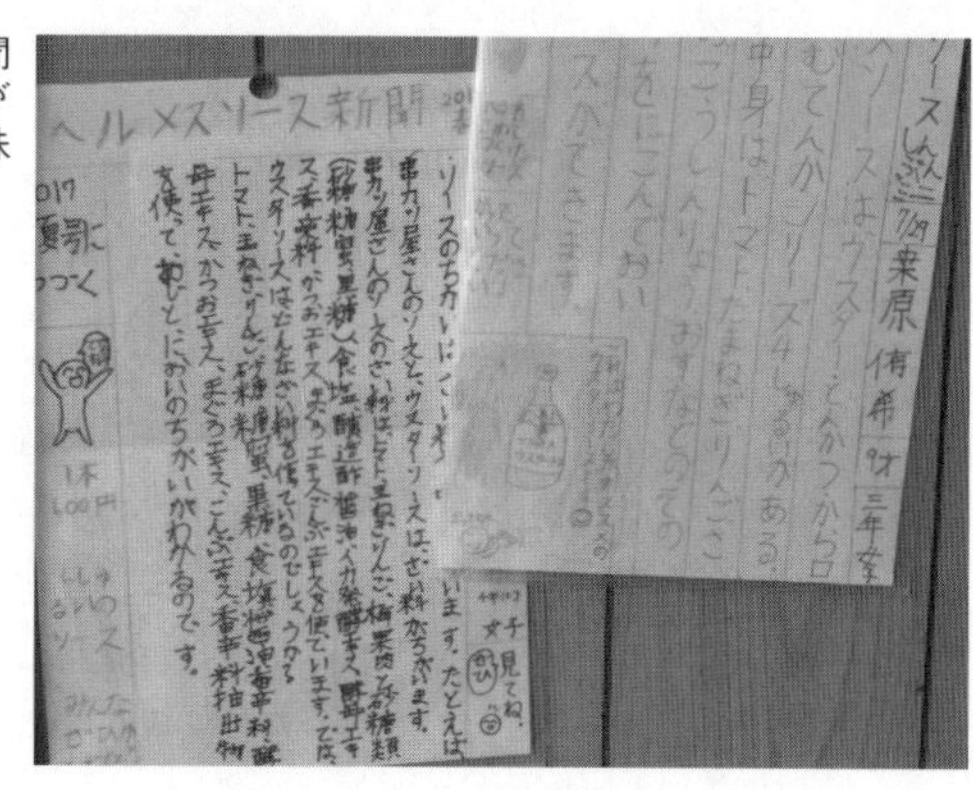

小学生の姪御さんが編集したソース新聞が壁に。見出しは、色々なソースのちがいとはいったいなに！「材料の違いが味と匂いの違いになる」。

くいだおれの太郎フーズとのコラボ商品「太郎のソースせんべい」。イカせんべいにソースを塗って召し上がれ。専用の刷毛付きで 900 円。

とかわぁわぁ言いながら。挙句、バスガイドさんに『ちょっと聞いてきて』言うたら、『いやですよー』って（笑）」。

　そのような横の繋がりがある限り、「幻のソース」は過去に葬られることなく、何らかの形で受け継がれていくはず。「食文化」という言葉は、生産量や消費量、売り上げといった経済軸だけではなく、そうした共和的な風景とともに保たれていくものなのだと、つくづく思う。

左から、ウスターソース（900ml 入り、648 円）、とんかつソース（900ml 入り、648 円）、やきそばソース（500ml 入り、648 円）

ヘルメスソース

株式会社 石見食品工業所
●大阪市東住吉区住道矢田 8-2-21
☎ 06-6705-6820

ヒシウメソース（大阪市西成区松）

株式会社 池下商店

家族代々、親戚一同の味が下町に残る

花園町の交差点から南西へ歩いて10分ほど、古い長屋もちらほら見かけるが、すっかり今風の住宅が建ち並ぶようになった街並み。クルマ通りもほどほどで、道路で遊ぶ子供こそあまり見かけないが、買い物車を押しながら歩くおばあちゃんたちは、大通りと比べれば随分のんびりした感じだ。このあたりは、旭（あさひ）、梅南（ばいなん）、松（まつ）、橘（たちばな）といった縁起の良い旧地名が残り、地域コミュニティが適切に保たれた、「昭和の西成」の面影をもっとも強く残すエリアだ。

ヒシウメソースを製造する株式会社池下商店は、大正12年（1923年）に創業。元々は食酢製造の個人企業だったが、大正15年（1926年）にウスターソースの製造を始めている。

「洋食の時代やったんでしょうね。『これからは洋食や』って言うて、ソースを作るようになったそうです」と創業者である祖父の時代を語るのは、3代目の池下 肇さん。戦後の食料統制が解除された頃、不足していた米の代替品として小麦粉が普及した。それによりお好み焼が流行ったことを受けて、昭和23年（1948年）にとんかつ用の濃厚なソース製造を開始。以来、ずっと変わらず同じソースを作り続けてきた。

こちらの工場で作っているのはウスターとタマリソースの2種類のみ。現在の従業員は従兄

大衆演劇の小屋もある花園町界隈の街並み。最寄り駅は大阪市営地下鉄四つ橋線の花園町駅。

イズミヤは大正10年（1921年）に花園町で呉服店として創業。現在も花園町交差点にイズミヤ花園店が。

弟3人、息子さん2人の家族と親戚合わせて7人。「多い時は10人ぐらいおったんですけど」という家族企業だ。「昔は酒屋さんに、たくさん売ってもらっていたんです。今は一部のスーパーさんにも置いてもらってます。近所なら花園町のイズミヤさん、天下茶屋のカナートさん」と、販売経路はけっこう限られており、基本的には地元が中心。「メガスーパーさんはなかなか難しいんです。ロットや品質管理など、いろいろとハードルがありますから」。

現在の工場は、元は倉庫であった場所を改装したもの。ご自宅と会社の建物、工場が軒続きになっている（事務所と工場は中でも繋がっている）。工場内は天井が高く、梯子をかけたタンクがいくつも奥に並んでいた。一般向けに小売りもしているため、入口にはかわいらしい看板も出されているが、「ヒシウメソース」の看板が無ければ「ここはホンマにソース工場なの？」と首をひねる民家のような佇まいだ。

その疑問は扉をガラリと開き、中に入ればすぐに打ち消された。ぐっとスパイスの香りが立ち上り、スパイスカレー屋にも似た香りの中に身体ご

白い外壁に赤い格子、緑の引き戸の扉。ここでヒシウメのソースが生まれている。長男の慶太郎さんは日々配達もこなす。

と包まれるかのよう。そう伝えると、「私らはもう慣れてしまっていて」と池下さん。火入れをしているとかでもないときであっても、これだけのスパイス香が溢れているのだから、炊き込み時にはさぞかし華やかな空気を漂わせているのだろう。

では、ソースにスポットを当てよう。「ヒシウメさんの味は客観的に見てご自分でどう思われますか？」の問いには、「口で言うのは難しいんですが、よく言われるのは『ウチのソースを食べたら、ヨソのソースは香辛料か何かしらの味を感じてしまう』『ヨソのはちょっと角がある』とか。まぁ言うたら、ウチのはまろやかなんでしょうね」とのご返答。

「そもそもソースだけの味で言うと、ヨソさんのは何かにつけて食べる味。ウチのはソースだけ舐めてもおいしい、と思てます。けどそれがお好みに合ってるのかどうか。合ってないのかも知れないんですけど」とも。それだけに個性があるにもかかわらず応用が効く味わいであるということだ。

3代目の池下 肇さん。味を守る愚直なまでの真っ直ぐな仕事ぶりとほがらかな笑顔。お人柄がソースにも滲み出ているようで。

樽はタンクに、ガラス瓶はペットに

ソースは2000リットルのタンクに材料を入れて炊いていく。

ソースを炊くタンクはこの容量2,000Lの１基のみ。夏場は工場内の気温も上がり、炊き込むタンクにべったりの作業も重労働に。洗浄された後でも、確かにふわ〜っと残るスパイスの香り。

「大きいメーカーさんと違うて、ウチは毎日作ってはいません」。

創業当時は酢の仕込みに用いる木樽をそのまま使っていたそうだ。リンゴ、トマト、ニンジン、タマネギなどの野菜、醸造酢、調味料、香辛料などを入れ、専用の攪拌機で素材をブレンド。材料を入れるタイミング、温度管理など、長年の経験と気遣いが味を整えるのだそうで。衛生面や品質管理には細心の注意が払われている。

ウスターソースの場合はピカピカのタンクで数日間熟成されて、自己主張していた個々の原材料の旨みや風味がまろやかな味わいへと昇華する。

家族で営む企業とはいえ要所要所で近代化は進んでいるが、ラベル貼りはつい数年前まで完全手貼りだったそうで、現在導入されている機械も、ボタンを押すとセットした瓶にシールが自動で貼れる半オート、という程度だそうだ。さらに検品に至っては、人間の目で一本一本確かめる。丁寧に瓶を全面から目視して、不純物が無いかなど、まるで骨董品を吟味するかのような身構えと所作だ。

ウスターソースは家族が他所行きの様子でレストランのテーブルを囲み、その中央にソースの瓶を描

スパイスは調合済みのものを仕入れる、メーカー特注品。配合はもちろん極秘事項。カレー粉にも近い華やかな香り。

いたデザインのラベル。タマリソースの方は、リンゴやミカン、ブドウ、トマト、タマネギ、ニンジンなどの野菜を描いて味を表現。いずれもレトロな昭和の雰囲気で、地ソースコレクターならずとも使用後のラベルを剥がして保存しておきたくなる。

タマリソースは製造後、冷ましてすぐに瓶詰めされる。ウスターソースは常温でゆっくりと冷まして、そのままタンクの中で数日寝かせてから瓶詰めされる。これはウスターソースの中のスパイスが下りるまでの時間でもある。池下さん曰く、「それが熟成言うたら熟成ですが」。

バラスパイスは10種類ほど。「桂皮やら胡椒やら」と多くを語らないのは他社と同じ。たとえオープンになったとしても、作り手や環境が変われば味は変わる。

ガラス瓶の時代からペットボトルの導入に至ったのも、僅か10年ほど前のことらしい。「洗浄や運搬、回収などの手間から解放された」とも。「もう一升瓶の時代には戻れません。ようやらんかも」と池下さんは苦笑する。

ペットボトルになったとはいえ、その充填作業もまた手作業の一つ。一本ずつセットし、タ

FRP製のタンクは、うっすらと透けていて、中に入っているソースの量がかすかに判別できるようだ。

ちょっと前までは完全手貼りだったラベル貼り作業からの検品風景。目視による検品後、木箱のケースに１本ずつ入れられる。

ンクから送られてきたソースを詰めて、蓋をする。丁寧に人の手仕事によって炊きあげたソース。製造というより手仕事、製品というより商品という印象だ。

さぞかし愛着が生まれるだろうと思い、「それこそヨメに出すような気分ですか？」と問うと、「出荷する時はやっぱり、そういう気持ちになりますよ。おいしいって言うてもらえるように、送り出す気持ちですね」と。店や食卓での感想は、直接届くことは稀だろうが、作り手の思いが込められているものは、きっちり食べ手にも届いているはず。

地域とつながるのは作り手だけでなく

お好み焼、たこ焼、串カツなど、ソースを使う店がひしめきあう西成にある飲食店で、
「ソース言うたらヒシウメやからね」
「長い付き合いやなぁ。コレやないとアカンし。お客さんもそう言うし」
といった声もよく聴いた。

確かに、スパイシーな味わいと程良い辛さがクセになるウスターソースも、まろやかでフルー

ティな風味でお好み焼に合うタマリソースも「芯のある味」だ。

小規模な町工場にも利点はある。製造したものは在庫を抱えずにすぐに売り切る。つまりはいつも新鮮な状態でソースが届けられる。だからこそ、封を開けると香り鮮やか、風味豊かな、果物の旨みが活きたソースとなっている。

「ヒシウメ」とは堅いダイヤモンドを意味する菱形のヒシと、酢の酸っぱさを表す梅の組合わせ。ちょっぴりイカツイ印象であったが、真面目な意味と真面目なご家族の小さな会社のトレードマークであった。

大正ロマンの時代から守り続けてきた、下町のこだわりの味。個人のお客もお店も、この味で育った地域であり、この味を当たり前で普遍的なものとして認識してきた。そこにあるのは「地元の味」を愛する気持ち。これが神戸の長田あたりだと一つの地域で複数のソース派閥があったりもしたのだけれど、「西成、下町、ディープ」といったありがちなフィルターを通した思考ではこのソース愛を理解するどころか、気づきもしないだろう。失われつつある、生まれ育ち暮らす地元への感覚を、ソースがしっかりと繋ぎ止めてくれている。そのように感じた。

工場の入口には「小売りいたします」の可愛らしい看板が。顔が見えるアットホームさ。

ヒシウメソース

池下商店
☎ 06-6661-2001
●大阪市西成区松 1-10-16
小売りは 8:30 ～ 17:30
土・日・祝休

360ml の小瓶入りから小売り可。ウスター、タマリとも 370 円。ペットボトル入りの 1.0L 入り 610 円、1.8L 950 円（ともに税別）。

第3章 串カツと下町

串カツは新世界で生まれ、「ハイカラな味覚」であったソースとともに、地方出身の日雇い労働者にとっての、都会的かつ魅力的なメニューとなった。やがて、新世界が「世界に冠たるオッサンの街」から「昭和レトロな観光地」へ変遷していくにつれて、「大阪名物」として気軽に愉しめる料理として、他の街にも広がった。本章では下町の串カツ屋の「ソースにまみれた風景」を巡り、下町とソースの「相思相愛の関係」を確認する。

串カツは、新世界の食である

椎名誠氏の旧いエッセイ集に、『気分はだぼだぼソース』（情報センター出版局、1980年、のち新潮文庫）というのがありました。出版当時、私は『本の雑誌』周辺の気配にけっこう惹かれており、同書もげほげほと笑いながら読みました。表題のエッセイは確か、アジフライやコロッケにだぼだぼとソースをかけて食べるのが旨い、安くて旨いアジフライはエラい……みたいな、他愛のない話だったかと記憶します（正確を期すためにと家の書棚を確認しましたが、出てきませんでした）。いずれにせよ、そのときに思ったことは「串カツ屋ではステンレスのソース容器にカツをドボッと漬けるのが当たり前なのだが。東京にはそのような文化がないのかな？」ということでした。当時、東京にいた友人に訊ねると、「あーアレはこっちにはないの。大阪独自のスタイルでしょ、きっと」との返事が返ってきたので、串カツにソースをドボ漬けするのは大阪のローカルルールである、ということに初めて思い及んだのでした。

西成に生まれ育った私にとって、新世界は飛田とひとつながりで「第2の地元」です。が、子供の頃に新世界に遊びに出て食事をする時には基本、串カツ屋へは行きませんでした。たいていは鮨屋（醤油をハケで塗るタイプの大衆店）か焼鳥屋で、串カツ屋の前を通っても、両親

も祖母も「立ち食いやから行儀悪いし、そないに旨いもんでもない」との意見で軽くスルー。それはきっと「子供に向けての理由」だったのでしょう。実際には、家の近所の酒屋の立ち飲みについて行って、大人たちの横で刺身や関東煮を食べることについては、何ら問題なかった。そこで立ち飲みをしている釜ヶ崎の日雇い労働者が、「家の近所（顔を知っている）」と「新世界（どこの誰かが、よくわからない）」ではぜんぜん違うという点にこそ、本質的な理由があったのだと思います。

その程度には、串カツというものは基本、「日雇い労働者のもの」でした。というか、昭和のあの頃（１９６０年代後半から１９７０年代）は、新世界エリア全体における日雇い労働者率はハンパなく、特にジャンジャン横丁のエリアには、感覚的にはもうオッサンしかいませんでした。当時はなにしろ万博景気に沸き、あちこちで都市開発も盛んでしたから、釜ヶ崎の日雇い労働者も全体的に若いし元気で、羽振りも良かった。結果として彼らが大量に新世界に流れ込んだことで、「あの辺はガラが悪い」というイメージが定着（まあそうなりますよね）。ファミリーやカップルはミナミに流れるようになったため、オッサンしかいなくなったとい

うのは、実に皮肉なことです。それ以前の新世界の歴史や文化については主旨ではないため各自で調査をお願いしますが、なにしろ私の知る新世界は、「世界に冠たるオッサンの街」に違いない。だからこそ、我々のような西成区、及び浪速区の「地元のキッズ」にとって、新世界のオッサン文化に飛び込んでいくことは、大人へのステップとして重要な意味を持っていたのです。

ちなみに私は、用字用語として「オッサン」と「おっちゃん」を使い分けるようにしています。前者は顔を知らず、記名性のない30歳以上の男性。塊・群れとして捉える場合は、主にこちらを使います。後者は、顔を知っている場合ですね。「近所のおっちゃん」などと使います。見た目で30歳以下は「兄(にい)ちゃん」となりますが、この場合は顔を知っている・いないの差は、関係ない。あと「オバハン」と「おばちゃん」の

関係も、「オッサン」と「おっちゃん」に準じます。よくテレビなどで「大阪のおばちゃん」という表現を使っていますが、あれはソースダイバー的には、「大阪のオバハン」となります。「おじさん」や「おばさん」は、これはもう親戚に限ります。なお「オッサン」も「オバハン」も、それ自体では別に誰かをバカにしているわけではありません。私自身は「おっちゃん」より「オッサン」と呼ばれる方が、しっくりときます。ただし発話時のニュアンスが「こらぁオッサン（「ら」が巻き舌）」あたりになると、そこそこの緊急事態ではあります。このように関西の人間は、発話のニュアンスでコミュニケーションの距離を測ることが得意なのですが、最近のタレントさんや芸人さんたちを見ていると、どうも「そうでもない」みたいな気もしてきています。

閑話休題。中学時代になってからは、ジャンジャン横丁の串カツ屋やホルモン屋に出入りするようになりましたが（街の先輩に連れて行ってもらうようになりました）、昼間からグビグビとビールや安酒を流し込みつつオッサンらが息を荒げる中で、ちょっと気を遣いながら「串カツダブルで」とか言うのは、それなりに背伸びしている感じもあって、とても楽しかった。そして、先輩が飲んでいるビールを横から少しもらって飲むのが、またサイコーに旨い（そういう時代だった）。高校になってからは自分でビールを頼むようになり（そういう時代だった）、千円あれば串カツとビールで満足で

きるので、友人たちと「新世界に行こか」というのは、即ち串カツ屋に行くことを意味しました。

もっともよく行った「八重勝」は立ち食いではありませんでしたし、今の感覚でいえばマクド（＝マクドナルド）やミスド（＝ミスタードーナツ）に行くことと、なんら変わりなかった（たぶん）。

そして「八重勝」が混んでいたら、隣の「てんぐ」に入ります。「てんぐ」はどて焼が旨いので、そっちも頼む（「八重勝」にもどて焼がありますが、なぜか串カツばかり頼んでました）。個人的にはどちらの店も好きなのですが、友人たちは「そら八重勝やで」と言ってましたから、味やスタイルの違いもさることながら、「より混んでいる」というのが、ポイントだったのでしょう。当時から「八重勝」は、時間帯によってはけっこうな待ちの行列がありましたから。ある日「オープン前に行ったら確実に入れるのでは」と早い時間に行きましたが、もう既にオッサンらが列を成しており、「串カツ屋とパチンコ屋の開店前はオッサンが並ぶものであ

●元祖串かつ だるま 新世界総本店

世界に広がる串カツの味を趣深い総本店で食べる意味。

元祖串かつ、うずら、レンコン、トマトなど、ほとんどが105円。えび、ほたて、夏のハモなどは210円。

八種盛セット（8本1,050円）は元祖串かつ、天然えび、つくね、レンコン、漬けマグロ、きす、もち、豚かつ。
※価格は全て税別。

昭和4年（1929年）創業。通天閣から南へ、2筋目の角を左へ曲がると昭和の雰囲気を残した総本店がある。今や新世界だけでも4店舗、他にミナミ、キタ、新大阪、姫路、東京・銀座（創作串揚げ）、タイ・バンコク、台湾、フィリピンと、国内外に全19店舗を展開し、串カ

る」ということを思い知らされたのでした。

はじまりの串カツ

先に、串カツというものは基本、「日雇い労働者のもの」である……と書きましたが、その明らかな根拠を示してくれる店が、［元祖串かつ だるま 新世界総本店］です。昭和４年（１９２９年）創業のこちらは「元祖」を堂々と名乗っています。こと飲食の世界では、あらゆるジャンルで「元祖」や「本家」が存在しますが、この店に限っては「正真正銘の串カツのルーツ」とするのが、本書の立場です。曰く、串カツを料理として供するようになったのは「釜ヶ崎の肉体労働者たちが箸を使わずに手で簡単に食べられ、安くてボリュームもあるものを」と当時の女将であった百野ヨシエさんが始めた、と。昭

ツ文化を世界に伝える［だるま］の旗艦店だ。マイルド味の秘伝のソース（2度漬け禁止はお約束）に山芋たっぷりの薄衣の生地、きめ細かいパン粉とクセなくカラリと揚がるオリジナルのヘット油を用いる串カツは、サクッ、モッチリと噛むほどにソースの旨みと具の旨みや食感が見事に調和。小ぶりだが味わいしっかり、バランスの良さから「もうひと串」と追加必至。元祖串かつから、牛ヘレ、豚トロ、夏のハモや冬のカキなど、新旧ネタが約40種類と圧巻。

大阪市浪速区恵美須東 2-3-9
☎ 06-6645-7056
11:00 ～ 22:30
無休（1/1 のみ休）

和４年といえば所謂「大大阪（だいおおさか）の時代」であり、大阪市が当時の東京市（昭和18年・１９４３年まで存在）を凌ぐ人口を誇り、景気もすこぶる良かった頃。ゆえに釜ヶ崎への人口流入も多く、主に九州や四国からの大量の労働者（その多くは「出稼ぎ」ではなかった）が集まり、彼らの多くは新世界や飛田でゴキゲンに遊興していました。昭和の初めということは、ソースの一般への普及のタイミングともきれいに重なりますから、「だるま」の話には十分な説得力があります。

ここで重要なことは、「箸を使わずに手で」の部分。フィンガーフードは食べるのにスピード感がありますし、さっきまでの作業で手が汚れたままであったとしても、串を持てば食べる部分には影響がありませんから、確かに労働者向きです。また、今でこそ「八重勝」は全面禁煙とされていますが（観光客が増えたので、飲食店のトレンドに合わせたからでしょう）、その昔は煙草を吸わない労働者はまずいませんでしたので、右手で串カツまたは煙草を

八重勝

たっぷり付けるソースだから控えめなまでのあっさり味。

串カツは３本まとめて注文で300円。カマンベールチーズやグリーンアスパラ（共に200円）なども。

ちくわ（100円）、生麩（150円）、子持ちシシャモ（250円）。海老味噌が少し付いているえび（450円）。

戦前は鮨屋だったが、戦後になって小麦粉の統制が解除されたのと、「火を通した

持ち、左手でビールというのはたいへんに具合が良い。さらにスピードを加速するのが、いちいちソースをかけるのではなく、ステンレスの容器に入ったソースに「ドボ漬けする」というスタイル。串を持ったらそのままソースにドボッといき、上げたらすかさず口へと運ぶ。揚げたての油がソースと「付かず離れず」で絡み、なんとも香ばしい旨さになる。これも「だるま」の女将さんが考えたのでしょうが、天才的な発想だと思います。ほかにも、カツの衣を細かくして食べやすく＆ソースが絡みやすくしたり、ボリューム感を出すために衣を厚めにしたりと、串カツはそのはじまりの段階から、今風に言えば「日雇い労働者のためにパーフェクトにカスタマイズされた料理」だったわけです。

改めて、ソースに注目しましょう。当時「ハイカラな味覚」とされた「ビールによく合う」ソースがあってこそ、串カツは地方出身の日雇い労働者にとって、都会的かつ魅力的なメニューとなった。衣の油×ソース×ビールという最強の「味のトロイカ体制」は、昭和の新世界で堂々と構築された――「串

方が安全」との理由で、昭和23〜24年頃から串カツ専門店に。串カツとどて焼は3本1皿が縛り。サクサクの衣の秘密は、ラードを混ぜた、新世界界隈では軽めの油。また全体に生地をまとわせ、片面だけにパン粉を軽くつけることで、油を含む量を控えめにしている。堺発祥（現・和歌山）のハグルマソースもサラリ＆あっさりで、ほど良い甘みと酸味、後で香るスパイスが、串カツの肉汁や魚介ネタの旨みと絶妙にマッチする。

　もれなく濃い目の酒が合う。黒ビール小しかり、酎ハイではなくレモンサワーも甘ったるさが皆無でスッキリ。「チーズと合うんですよねえ」と若いサラリーマングループが何杯もおかわりを繰り返していた。

大阪市浪速区恵美須東 3-4-13
☎ 06-6643-6332
10:30 ～ 21:30
木＆第３水曜休

カツは、新世界の食である」とする理由が、以上からおわかりいただけたでしょう。

●「二度漬け禁止」の真実

こうして掘り下げていくと、「二度漬け禁止」のルールというものが、極めてロジカルに導き出されます。多くの日雇い労働者は地方出身者ですから、街や飲食店におけるルールについて、そもそもリテラシーが低い（昭和の初期といえば、外食文化そのものが一般庶民の間では「特別なこと」であった時代ですから、これは彼らに限ったことではありませんが）。なので、串カツ屋で目の前にドボ漬け用のソース容器があることについて、「たまたまその場所に来た客が、それを共有するものである」という感覚が、根本的に欠如している。なので、いったん齧った串カツを、もう一度ソースに漬けることについて「不衛生である」などとは思わない。これは「後の人のことを考えていない」というレベルの話ではなく、「自分が後の人」の場合も、あまり気にしない…という衛生に関するあまりにも開放的なセンス込み、であるかと思います。そこに、一切の悪気はありません。自分のことしか見えておらず、パブリックに対してのセンスがないので、放っておくと彼らは必ず「二度漬け」をする。ゆえに、店の側が「街の行儀教育」として、「二度漬け禁止」

をわざわざ言わなければなかった、ということに違いない。
　この「二度漬け禁止」は、串カツ屋における暗黙のルールとしてオッサン連中に浸透していったのですが、張り紙で注意喚起をするようになった経緯については、［八重勝］で興味深い話をお伺いできました。昭和59年（１９８４年）頃になって、女性客がけっこう増えてきた。それまでは常連さんには暗黙のルールであり、新しいお客さんにも口頭で「二回漬けんといてくださいね」、「ソースは一度にしてください」などと直接伝えることで、ルールは遵守されてきた。ところが女性客（やはりパブリックに対してのセンスに欠ける）が増えたことで、いちいち説明しなくてはならなくなり、そうした手間を省くためのわかりやすい文言はないか……と思案していた頃、今里駅前で銀行の前に出ていた屋台の串カツ屋に色紙で「ソース二度漬けお断り」とあるのを見て、「これや！」と店でも採用することになった。その

ままだと無愛想なので「ソースの二度づけお断り 店主」と書いたところ、マスコミが面白がり、『11PM（イレブン・ピーエム）』（日本テレビ・読売テレビ、〜1990年）や『アフタヌーンショー』（テレビ朝日、〜1985年）などのテレビ番組で取り上げられたことで、「大阪独特の文化」のようになった――。

こうした流れを見ると、「二度漬け禁止」の本質には、「パブリックに対してのセンスが欠如した者を、いかにして受け入れるか」との葛藤があったということを、忘れてはなりません。街のルールに不案内な「いなかもん」としての日雇い労働者や女性客を、温かく迎え入れる場としての串カツ屋における「新世界という街の巨大な母性」のようなものが、「二度漬け禁止」のルールとして表象されているのだと、私は思います。

「串カツ」と「串揚げ」

ここからさらに、ソースダイバー的に妄想していきましょう。

てんぐ

白味噌で炊いたどて焼から、分厚いエビまで濃い酒が似合う。

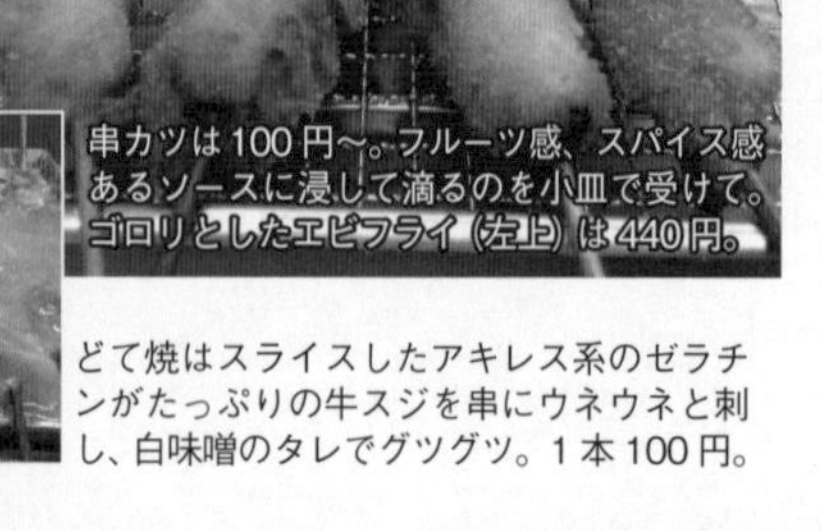
串カツは100円〜。フルーツ感、スパイス感あるソースに浸して滴るのを小皿で受けて。ゴロリとしたエビフライ（左上）は440円。

どて焼はスライスしたアキレス系のゼラチンがたっぷりの牛スジを串にウネウネと刺し、白味噌のタレでグツグツ。1本100円。

隣の「八重勝」と並ぶジャンジャン横丁の2トップ。昭和23年（1948年）創業。街の先輩から「てんぐと言えばどて焼」と

関西の食文化における「串カツ」と「串揚げ」の違い、これは串カツという「野卑な食べ物」を、船場の商人たちが「自分たちも食べられるような上品なものにしたい」と考えたことによって生まれたのではないでしょうか。「串カツ」は、ここまで縷々述べてきたように、「新世界を発祥とする、労働者のための大衆食」です。これが多くの下町に広がっていく過程では、主に露天で供されたようですが（本格的な店舗を構えるほどの経済力がなくても始められる商売だった）、船場の商人たちにとっては相変わらず「野卑な食べ物」には違いなかった。

そこで、とばかりに昭和12年（1937年）に、「躯脂滑婦裸慰羨門」として、料理好きの画家であった岡田繁雄氏が、大阪の野田で「五味八珍」を創業した（現在は閉店）。その流れを汲んで、当時は戦後の焼け跡の闇市だったお初天神に「知留久」（昭和21年・1946年）が、法善寺に「串の坊」（昭和25年・1950年）が誕生し、ここに新世界とは異なる系譜で、「串カツをルーツとする料理としての串揚げ」が発展していくこ

聞き、串カツ屋のどて焼は濃い味、酒のアテだと感動してから30年が過ぎようとしているが、今も変わらぬ旨さ。一味をふってビールと味わったら、胃袋も準備万端。ラードの香りがそそる串カツへ突入だ。

串カツ、貝柱ときて、隣の隣の客がガブリとやっていたエビフライに目を奪われる。クツエビかと思うほどの厚み、串に刺さずとも存在感溢れるメインぽい串。衣がゴツゴツした感じも新世界的。エッジがカリリ、ザクザク感がワイルドでビールも旨いが濃い目の酒が似合う。ブドー酒の主婦3人、ビールの大瓶とビール黒の小瓶をオーダーして自分で割ってる兄ちゃんたちまでいて、良い感じ。昔は本来の手早く食べて飲んでという客 も多かったが、今や観光地ゆえ、じっくりいろいろ食べたい客も増えた。

大阪市浪速区恵美須東 3-4-12
☎ 06-6641-3577
10:30 ～ 21:00
月曜休

とになります。

　カウンターでその場で揚げたものを供するタイプの「高級天ぷら」の流れに与する「串揚げ」は、お店の傾向としては、高級食材を使って一捻りした「創作串」があったり、ストップをかけるまで順に揚げられたり、コースでオーダーするスタイルであったりします。そこではソースの手柄は、数歩退きます。揚げる食材に合わせて、ソースや各種の塩、醤油、ポン酢、タルタルソースなど数種類の調味料を、味付け済みの状態で出してくれたり、三連や四連タイプの小皿に少しづつ入れて出してくれるからです。「ソースにドボッと漬ける」というダイナミズムのかわりに、上品な「船場的スタイル」としての料理を磨き上げた——ホームページを見ると「知留久」は「串かつ」、「串の坊」は「串カツ」と表記していますが、これは「自分たちのスタイルが串カツの本流である」との矜持によるものでしょう。そこでは、「新世界を発祥とする、労働者のための大衆食」としての串カツの存在は、まるっと無視されています。そして「だるま」は現在、東京の銀座に「だるま きわ味 銀座店」をオープンさせており、そこでは「至高の創作串揚げ」として、コースで提供するスタイルを採っています。場所柄、雰囲気もお値段も立派な店で、こちらが「元祖串カツ」を掲げる店の「串揚げ」だという構図は、「串カツ」と「串揚げ」の違いを考える際に、わかり

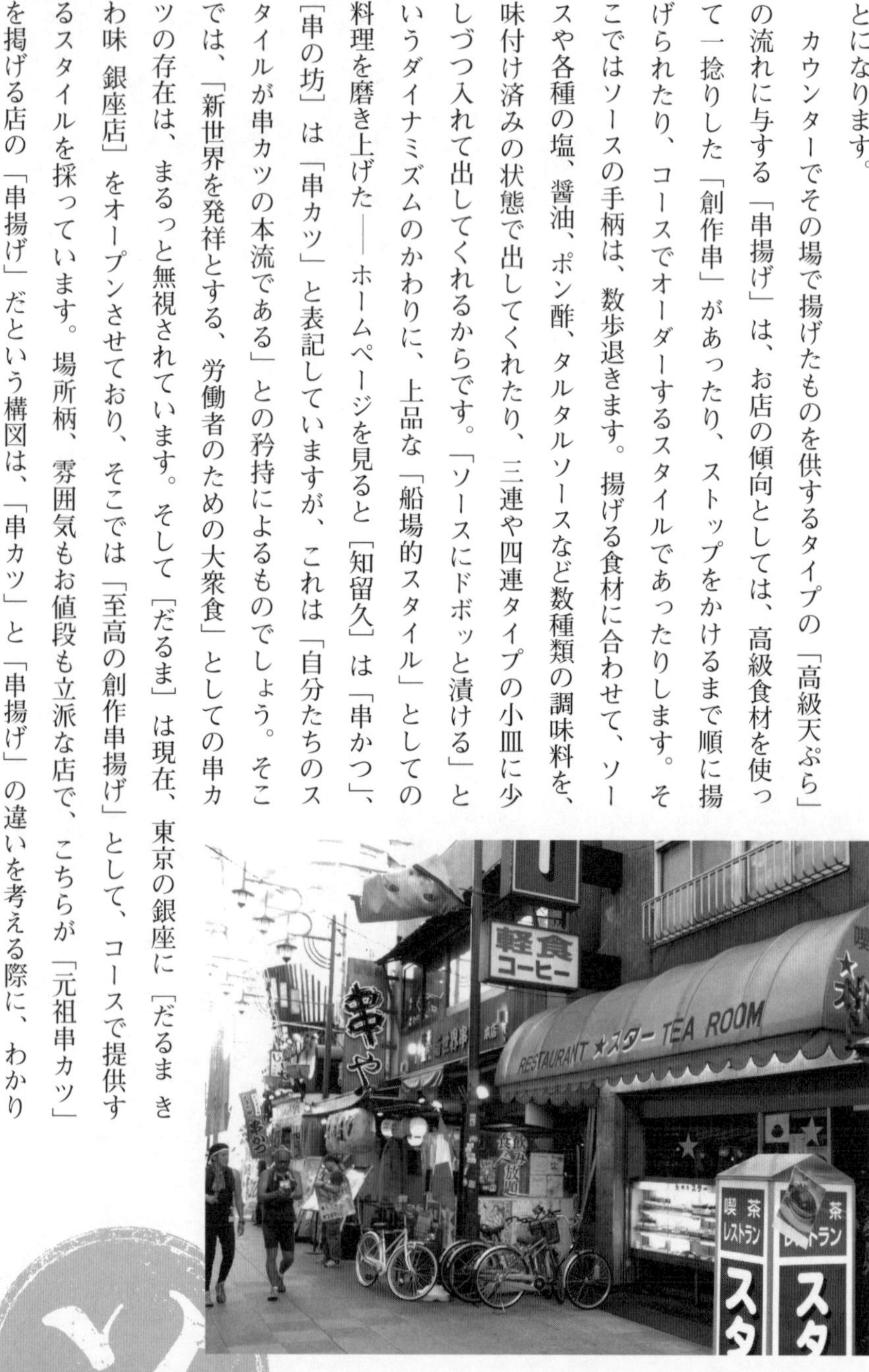

やすいのかもしれませんね。

例によってこれは、「何が正しい」といった類の話ではありません。私たち街場の人間には、そうした「それぞれの店にとっての真実」の間を往還しながら愉しむ権利が与えられているということこそを、言祝（ことほ）ぐべきなのです。

「ソースにまみれた風景」の価値

今一度、新世界に戻りましょう。

現在の新世界は、「世界に冠たるオッサンの街」などではなく、通天閣を中心とした「昭和レトロな観光地」となっています。そこに至る経緯には、阪本順治監督による「新世界三部作」――「どついたるねん」（１９８９年）、「王手」（１９９１年）、「ビリケン」（１９９６

年）――や、1996年のNHKの連続テレビ小説「ふたりっ子」の舞台として全国に知られるようになったこと。加えて、1997年の「フェスティバルゲート」と「スパワールド」のオープンなどの影響も大きいのでしょう（フェスティバルゲートは2004年に経営破綻）。「どついたるねん」は平成元年に公開された映画ですから、昭和の終わりに撮影され、平成に上映されたことになります。こうした観光地化への流れが、幾分ぎくしゃくしながらも前に進んだのは釜ヶ崎の衰退、つまり長期にわたる大阪の不況が、根底にあります。「オッサンの街」が輝くための原動力は、若くて元気な、釜ヶ崎の日雇い労働者でした。76ページでも触れたように、彼らの多くが老人となり、ドヤ街の簡易宿所の多くがシニア&介護施設、またはバックパッカーに人気の安価なホテルとなった現在、往時の「オッサンの街」としての輝きは戻ってこないでしょう。同時に「日雇い労働者のもの」であった新世界の串カツ屋も、「大阪名物」として行列が絶えない、観光客やカップルが安心して気軽に楽しめる場所になりました。相変わらず常連には、近所の機嫌の良いオッサン連中が多いことが、辛うじて「あの頃」の残滓といえますが。

結果として、大阪は「経済の失調」ゆえに「観光という態度」を採らざるを得なくなった……というのが、長年この街に住む者の偽らざる実感です。ならば、それを悲観するのではなく、きちんと「観光地」としての街を見守

●近江屋　本店

ふっくら衣がとろみある甘めのソースを吸い込む。

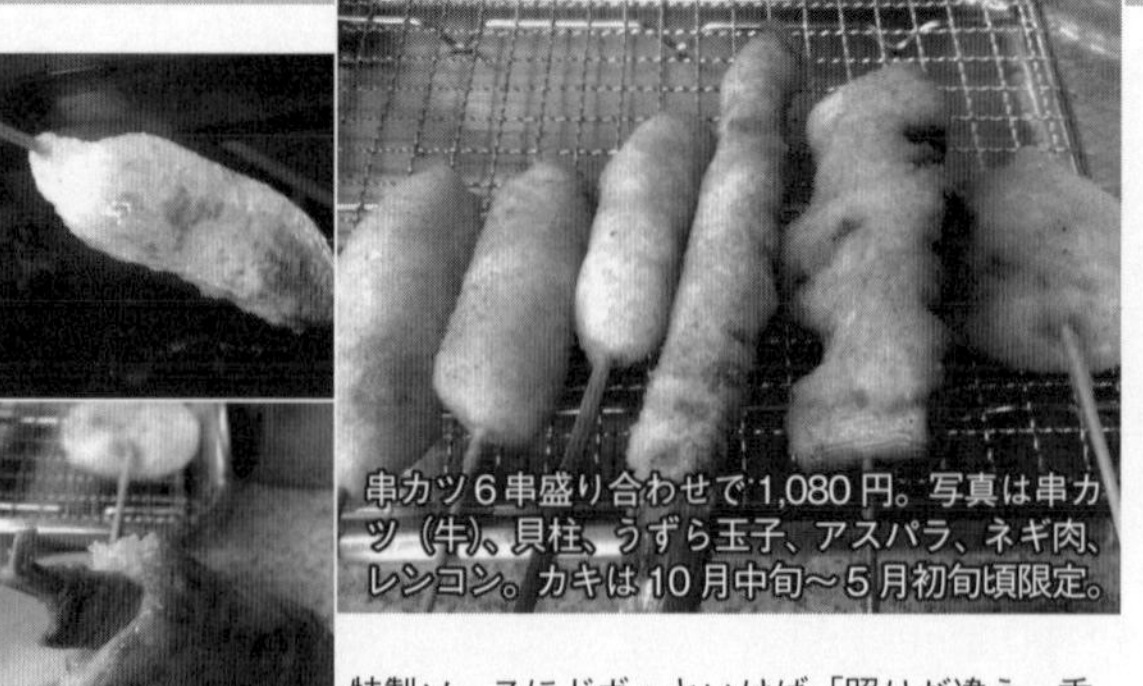

串カツ６串盛り合わせで1,080円。写真は串カツ（牛）、貝柱、うずら玉子、アスパラ、ネギ肉、レンコン。カキは10月中旬～5月初旬頃限定。

特製ソースにドボッといけば「照りが違う、香りが違う、食感が違う、ソースが違う～、他店の串と又比べている～♪」この旨さは本物だが。

昭和24年（1949年）創業。「アメリカンドッグやフランクフルト的な衣」と評されるふっくら丸みあるフォルムが独特。安くて旨くてすぐに腹が膨れる、という本来

り、育てていくべきなのではないでしょうか。インバウンドの観光客が最初に目指すのは、相変わらず道頓堀であり、近年では難波八坂神社や新世界や中崎町も人気です。つまり「世界中のどこにもない、大阪のオリジナルな風景」にこそ、観光の可能性が広がっている。そのような意味で新世界と串カツの「ソースにまみれた風景」を丁寧に保ち続けることには、大きな意味と価値があります。大阪のこれからを考える場合のキーワードとして、「ソースにまみれた風景」を意識することが、「コテコテ」とか「ベタ」では金輪際ない、街の洗練や必然に繋がる。そうした前提に身を置きつつ、ソースドボ漬けで串カツを食べるのは、「悪くない感じの進化の途中」なのだと思います。

の串カツスタイルを守り続けている。
　こちらもラード系の油の匂い、ただし串カツ業界でも珍しいとろみのあるソースがまったり絡む。もはや具の形が判別つかないほどに膨れた衣には、実は細かいパン粉がつけられており、これがクリスピーな仕上がりを生んでいる。
　甘めに感じるのは、使っている大黒ソースのフルーツ感がしっかりあるからで、女将さん曰くは「カゴメやトキワキンシも入ってる」という3社のソースの独自配合が決め手かと。

粘りある生地をしかと絡めて、ササッと揚げ油の中に投入。若手スタッフも多く、こうして伝統の味は守られているのだ。

大阪市浪速区恵美須東 2-3-18
☎ 06-6641-7412
12:00 ～ 21:00
木曜休

西成・鶴見橋に見る、下町商店街コネクション

ここまで、新世界と串カツの関係や、そこから読み取るところの「下町のエートス」について、論を積み上げてきました。以降は「大阪名物」として定着した串カツを、「名物」などではなく「日常」として、お好み焼と同様の感覚で楽しんでいる街場の様子を見ていきましょう。

最初に訪れるのは、私の地元である西成です。新世界までのんびりと歩いていけることもあり、うちのすぐ近くには、新世界スタイルの串カツ屋は存在しませんでした。その代わりに、酒屋の立飲み屋は大量にあった、というか全ての酒屋は立飲みカウンターとともに存在しており、そこでは各種の缶詰、おでん、焼鳥、きずし、どて焼、そして串カツといったあたりが定番でした（数軒の立飲み屋に出入りしていましたが、どこも大差なかったように思います）。これらの店では、串カツのソースは「ドボ漬け」ではなく、ソース差しに入ったものをかけていました。

酒屋の立飲み屋の客は、純度１００％で「近所のオッサン」です。地元の長屋に住む棟梁が数人の日雇い労働者を引き連れ、仕事終わりでワイワイやるというパターンですね。その中には身内のおっちゃんもけっこういましたから、夕食の時間に近所の酒屋にビールを買いに行ったら、「おー浩二、おつかいか。なんか食べていけ」と、きずしや串カツを2～3分でパパッと

食べることも多かった。家での夕食の前なのですが、これが楽しみなので積極的に酒屋におつかいに行っていた部分もあります。そんな感じなので、ソースをドボ漬けするスタイルの串カツには新世界で出会いましたし、それは中学生で坊主頭の私には「大人っぽく、カッコええこと」に違いなかったのです。

今では典型的なシャッター商店街になった「鶴見橋商店街」ですが、東西約１キロの長さを誇るそのアーケード商店街は、戦前の全盛期には「心斎橋筋商店街」や「天神橋筋商店街」と並んで「大阪三橋」として活況を呈していました（地元では「つるみばし」は言いにくいので、「つるんばし」と呼ぶのが一般的）。戦災でかなりの被害を受けましたが、高度経済成長期には復活し、特に国道26号線付近には靴屋や鞄屋といった革製品を扱う店がズラリと並び、水槽でちっこいワニを展示している店もありました。「本物のワニ皮でっせ」との演出ですね。当時は「革もんを買うなら、そら鶴見橋やで」というのが、大阪の人間にとっての常識。週末ともなると遠方からの買物客も多く、映画館やストリップ小屋もあったので、かなり遅い時間まで賑わっていました（他の商

店街より遅い時間まで開けている商店が多かったため）。なので当然のように飲食店も充実しており、洋食屋や喫茶店、中華料理店などはミナミに負けない立派な店構えと規模で、焼肉、お好み焼もちょっと歩けば数軒ある。まさによりどりみどりのラインナップを誇っていましたので、足を伸ばして鶴見橋に出かけるのは、楽しみでした。そして鶴見橋商店街は、国道26号線を東に越えた「花園本通商店街」を経由して「今池本通商店街」、これを抜けて北に曲がって「飛田本通商店街」というルートで、新世界とも繋がっていましたので、かなり早くから新世界スタイルの串カツ屋ができていたようです。

そんな鶴見橋商店街から少し南に逸れたところにある「ひげ勝」は、かなり後になって知った一軒です。たまたまその数件隣にドラムを叩いていた友人宅があり、彼の家は靴の卸屋でしたので、我々は1階のガレージを使ってバンドの練習をよくやっていました。このあたりは当時、「弘治小学校」の校区で、私は「今宮小学校」でしたから、中学になってから界隈に友人ができたため、このあたりも「地元」になり、歩いて、ま

● ひげ勝

地元のヒシウメソースに多彩な串をズボーンとダイブ！

仕入れは木津市場。イワシ、キス（ともに150円）、アナゴの1本揚げ（350円）など魚介ネタはマストで。

エビ（400円）、山芋（200円）。串カツとブタは80円、アンペイは各150円、アスパラは200円。ほんのりと甘みのあるヒシウメがベースのソースに思い切りダイブ！

鶴見橋商店街の南側にある家族店。ねっとりムッチリのアキレス系スジを煮込んだどて焼からまずは。コンニャクの有無が選べ、一味をふってビールをグビリ。

串カツは1本80円〜という下町価格。強者たちは串カツ10本、豚10本てな感じで注文。定番の牛の旨さも光るが、豚の脂のすっきりした甘さが串カツに合う。2代目のお

た自転車でもよく通るようになりました。鶴見橋商店街に行く主な目的は、随分西側にあったレコード屋（ご主人が洋楽好きで、ロックの品揃えがよかった）、そのさらに奥の津守商店街にあったプラモデル屋（愛想のないオッサンだったが、新製品を2割引で買えた）など。現在では、今宮小学校と弘治小学校は、萩之茶屋小学校とともに少子化のため統合され、「新今宮小学校」として「今宮中学校」の敷地内に移り、小中一貫校となっています（この界隈、ほんとうに子供が減りました）。そして大学時代のある日、久々に鶴見橋をウロウロしてからこの辺りを通りがかった時に、「ひげ勝」の存在に気づいたのでした。入ってみると、居酒屋っぽい佇まいが小粋で、串カツもネタが豊富。新世界のそれがさらに洗練された親しみやすいスタイルで、「誰もが出入りする、近所の串カツ屋」として理想的な一軒です。

やっさん・松井健次さん曰く、ソースは「地元のヒシウメさんやで。付き合いが長いからなぁ」。バットにはそのウスターがたっぷりと注がれている。当然1回だけのダイブとなるが、足りないと感じたら甘いキャベツですくうようにしてかけるのが流儀。アンペイ（ハンペン）、ジャガイモ、山芋のほか、鮮度抜群のイワシなどを次々。ヒシウメのクセなくフルーティーな味わいが具に馴染む。細かいパン粉、ラード100％の油、生地の量や揚げる感覚も、今は2人の息子さんが受け継ぐ。全面禁煙。

大阪市西成区旭 1-3-20
☎ 06-6649-5437
17:00 ～ 23:00
日曜休

どて焼一皿 350円。アキレス系の牛スジは貝柱のような形状だが歯を押し返す圧が絶妙。

昼飲みの聖地・京橋で、朝から串カツ三昧

京橋が「エエとこ」であるということを、大阪の旧い人間は、主に深夜に放送されていた「グランシャトー」のCMで刷り込まれてきました。こんな歌です。

京橋は ええとこだっせ
グランシャトーが おまっせ
サウナでさっぱり ええ男
恋の花も咲きまっせ
グランシャトーは レジャービル
グランシャトーへ いらっしゃい

素人感満載で弾むようなオッサンのコーラスが印象的な同曲は、関西ローカルのみのオンエアであり、メロディーの雰囲気から「浪花のモーツァルト」ことキダ・タロー氏の作品と思われていることが多いようです。しかし私の手元にあるCD『キダ・タローのすべて』（SLC、1992年）には収録されていません。キダ氏の作風からするとアレンジ面での共通点が少な

いので、おそらくは違う作家によるものでしょう。現在もグランシャトーの前を通ると、曲が流れています。なお同ビルは1971年にオープンしたレジャービルで、「京橋グランシャトービル」が正式名称。「サウナグランシャトー」をメインに、キャバレー「ナイトクラブ香蘭」（2015年に閉店）、中華料理の「華城飯店」（2013年に閉店）などが入っており、CMの効果も手伝って開業時から1980年代のバブルの頃までは、相当な賑わいを見せたようです。このあたりは大阪の他の繁華街と同様ですね。

このグランシャトー、そしてスーパーダイエーの旗艦店であった「ダイエー京橋店」が元気だった頃が、京橋の全盛期でした。JR大阪環状線京橋駅と京阪京橋駅の結節点である京橋は、現在も乗降客数が多く、朝夕のラッシュアワーは大変な混雑を見せます。しかしながら商店街や飲み屋街に往時の勢いがないのは、寝屋川を挟んで南側に隣接する大阪ビジネスパーク（OBP）の昼間人口が激減、近隣住民も高齢化するなど、複数の要因が重なった結果でしょう。

私自身も、OBPにあった電器メーカーや、大手前の官庁街に勤務する公務員らとのお付き合いで、京橋にはよく足を運びました。京橋の客層は、東京でいえば新橋あたりが近いでしょ

うか。彼らはネクタイを緩めて飲めるような場所がお好みのようで、連れて行かれたスナックなども家族的な雰囲気であり、キタやミナミとはまったく違う「ユルさ」に満ちていました。ガード下の居酒屋はどこも満員だし、予約をしないと入れないこともしょっちゅうです。あの頃ご一緒させていただいた方々は、軒並み定年を迎えられていますから、京橋に愛着を持つサラリーマンや公務員は、今は随分と減ってしまったはずです。

しかし、そうした「オッサンが支えてきた街」は、メジャーな開発から取り残された（＝街から資本投資が遠のいた）にもかかわらず、土俵際の粘りを見せるものです。現在、京橋は「昼飲みの聖地」として、新たなスポットを浴びています。東京でいえば、「新橋」から「浅草」へ、さらに下町に進んで「京成立石」のような感じになっている、といえば分かりやすいでしょうか（かえって分かりにくい?）。実は昔から、京橋には「昼飲み派」がけっこうなボリューム層として存在していたのですが（なので朝や昼から開けている店が多かった）、景気のいい頃は夜のネクタイ族が幅を利かせていたため、そんなに目立たなかっただけなのです。彼らがネクタイを外し、いろんな意味で現役ではなくなって、活動する時間帯を夜から昼に移

●まつい

京橋駅から改札徒歩10秒の駅前下町串カツ留学。

若鶏（150円）、うずら（150円）、紅ショウガとハム、ちーちくは100円。おでんのすじカツ、アスパラ、ウイナーは150円。

「うちの串カツはソースが命」のとおり、サラッとしたソースは、いくら食べてもくどくならずに、飽きがこない。

昭和27年（1952年）創業の酒房。朝の8時から賑わう1階の立飲み。2階はテーブル席でゆっくり。おでんのジャガイモを使った「おでんのポ

動し、平日の昼間から飲むことを、何よりの楽しみとするようになった。そこに、「昼飲みの快楽」を新たに知ってしまった少し下の世代も追従することで、おそらく往時の新世界以上に、京橋のオッサン率は高くなっています。また京橋のオッサン連中は基本的にリタイア組なので、ゆるやかに「気のエエ老人」の集いです。かつては社会や経済の中心にいた彼らが、経済成長モデルなどとは無縁の居場所を持てたことは京橋という街の手柄だと思いますし、ここにも「あらかじめ負けている街」の魅力が横溢しているわけです。

目指すは、JR京橋駅の北口から東へと広がる、京阪のガード下やその周辺。朝9時から営業の立飲み屋「岡室酒店直売所」や、さらに早い8時から営業の居酒屋「丸徳」と同じ並びで、串カツが名物の酒房「まつい」も8時からしっかりと営業、しかも定休日はナシとくるから、こりゃもう天国（という名の地獄の入口かも）。昼飲みの聖地における「朝飲み」の風景に、ソースのコクを感じてもらえるでしょう。

テサラ」（280円）などをアテに。先に揚げておいてある串をオーダー可で「温めましょか」とやってくれる。この揚げ置きは、昭和20年代に創業した串カツ屋には残る文化。数十種類の野菜や果物を使い、独自にブレンドした自家製のソースは、創業以来継ぎ足しの変わらぬ味で、ちょい甘口でサラッとしているのが特徴。油は黒毛和牛のヘットをメインに、数十種類の油を配合していて、軽めの風味で胃もたれしない。おでんのすじカツ、骨付きでいわゆるチューリップのような若鶏など肉系が旨い。渋いネタばかりかと思いきや、さすが京橋激戦区。常客を飽きさせないチーズの食べ比べなど創作串もあるので押さえておこう。大きなお銚子から注がれる燗酒が、油モノに合うことも隣のおっちゃんが教えてくれた。

大阪市都島区東野田町 3-5-1 1F
☎ 06-6353-3106
8:00 ～ 23:00
無休

東成区・緑橋、串カツは上町台地を越えて

新世界に端を発する串カツは、上町台地を越え、東成区の緑橋にも広がっていきます。緑橋は本書の68ページで歩いた今里エリアから今里筋沿いに、真っ直ぐ北に1キロほど北に上がったところ。緑橋交差点の少し北が、東成区と城東区の境界線になるのですが、かつてここには用水路の千間川（せんげんがわ）が流れており、「緑橋」とはそこに架かっていた橋の名前です。現在は川が埋め立てられていますので橋もなく、交差点名と地下鉄の中央線と今里筋線の駅名にその名を残しています。

ここで勘のいい読者なら、新世界を離れてから訪れた街が、すべて「○○橋」という地名であることに、お気づきではないでしょうか。かつて「八百八橋」と呼ばれた大阪において、船場の区域外の橋は全て「下町の橋」であるという事実も、「ソース」という補助線を引くことで、ぼんやりと浮かび上がってくるわけですね。

今里交差点の少し南が生野区との境界線であることを考えると、東成区はとても狭い区であ

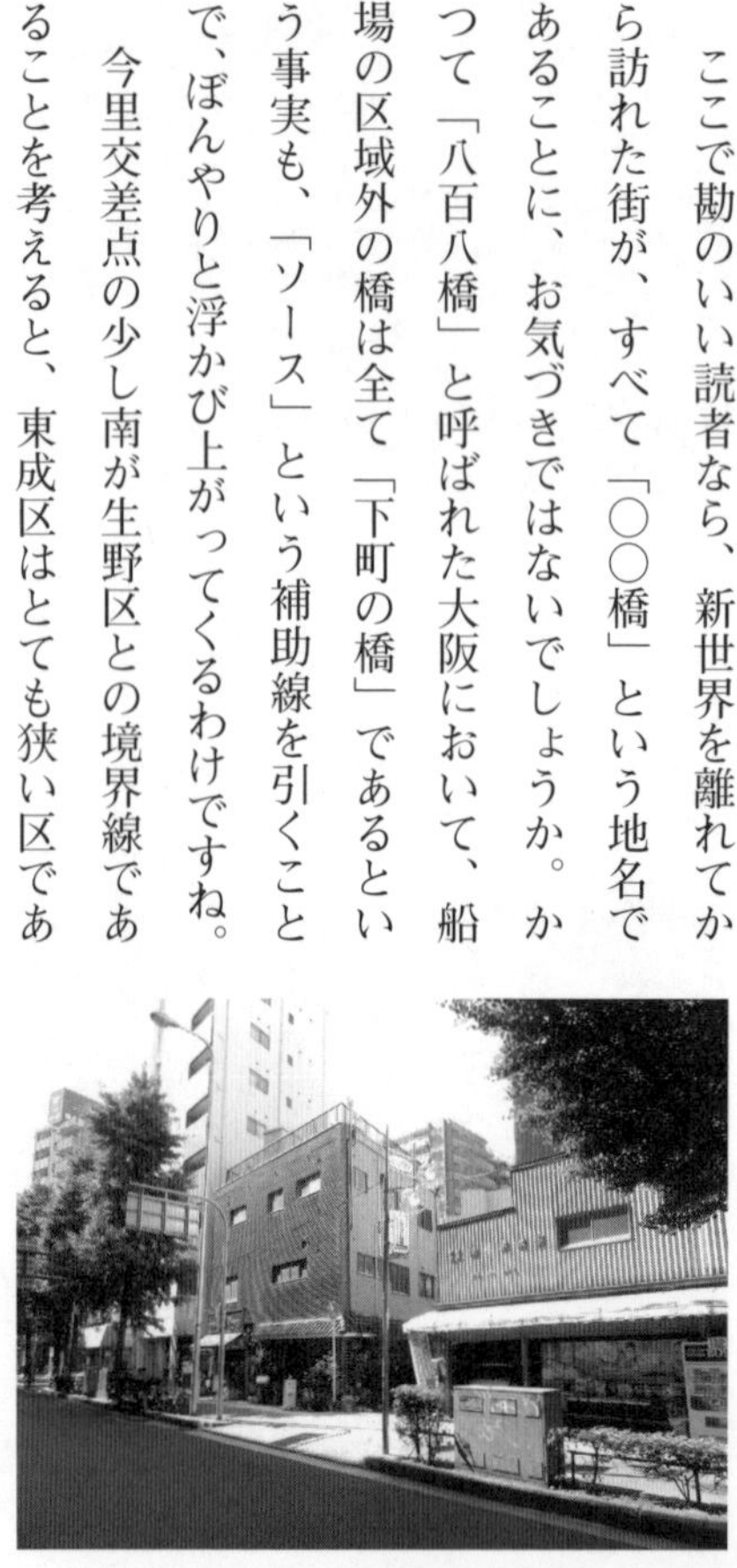

●鈴屋

ラードの匂いに誘われて、大エビまで一気に食べ進む。

プリリとした身が甘い小エビ（180円）。筋肉の躍動を感じる身と濃い味噌が値打ちの大エビは800円。

1度下茹でした牛スジを白味噌ベースのタレでとろとろに煮込んだ名物のどて焼は1本120円。まずはコレをアテに飲みたい。

創業60年以上。3代続く家族店のこちらは上質のラードを100%使用ゆえに透明感ある鍋の中。わかる人には店に入れば「ええ油や」となる香ばしい香りが誘う。キラ

ることがわかります（大阪市内では浪速区についで２番目に面積が狭い）。しかし東成区は、大正14年（１９２５年）に大阪市に編入されて区になった当時は、現在の旭区、城東区、生野区を包括する、大阪城の東に位置する広大な区でした。当時はちょうど緑橋のあたりが区の中心でしたが、このエリアに、上町台地を越えて串カツが伝わったルートが、京橋経由＝北ルートか、あるいは今里経由＝南ルートなのか。今となっては定かではありませんが、そこに「地元の伝道者」が介在していたことは、間違いないでしょう。そして緑橋界隈の昭和の風情を残す街並みに、串カツ屋の佇まいは、実によく似合います。

「鈴屋」は通りを入るとオレンジ色の看板が、近づくと黄色に赤で「串カツ」「ドテ焼」の文字がひときわ目立つ店。東大阪の星トンボソースをベースとしたオリジナルブレンドがこの辺りの「地元感」であり、やはり強く惹きつけられるのです。

キラの油は毎日取り替えるのでオープン時が最もライト。ともあれまずはどて焼を２〜３本いこう。続いてカツも２〜３本（５本以上の常連も）。野菜や魚介を追加しつつ、もう一つの名物、大エビのタイミングを見計らう。とにかく大きくて太くて熱々。頭の殻を外してバリバリいけば、味噌香ばしく身はプリンプリンで口福感ハンパ無し。隣町の東大阪の星トンボソースをベースにした自家製ソースもスパイス感が程良く、たっぷりダイブしても具の味を引き立てて「旨いなぁ」となる。野菜類はパン粉少なめで軽め。とはいえラードの甘みがある満足感もあってビールや酎ハイが進む進む。次々揚げてもらって一気に食べて飲んで、勘定済ませワハハハな、下町の極楽がここに。

大阪市東成区中本 3-15-22
☎ 06-6971-5596
17:00 〜 22:00
火曜＆第３月曜休

サラリーマンの小腹を支える、キタの串カツ天国

串カツとソースを巡る旅の終着点は、キタの繁華街……というかガード下と地下街です。「日雇い労働者のためにパーフェクトにカスタマイズされた料理」としての串カツは、サラリーマンの往来するキタの繁華街においても、「そのまま」の姿で普及します。「フィンガーフードならではの素早さ」というメリットは、サラリーマンにとっては「小腹を満たしながらの一献」として、ちょうど良い。そしてガード下や地下街におけるゴチャつき感を「下町の延長である」と捉えれば、表通りの明るい場所や最新の商業ビルではなく、ガード下や地下街に串カツ屋ができていったのは、自然な成り行きです。

そのことを象徴するのが、今はなき「ぶらり横丁」でしょう。JR大阪駅と阪神百貨店の間を東西に走る、約220メートルの「大阪駅前地下道」。その西の端、地下鉄四つ橋線の西梅田駅の改札近くにあった「ぶらり横丁」は、昭和25年（1950年）頃より大阪市から道路占用許可を得て、まさしく「下町の路地」のような飲食エリアとして、串カツ屋、焼鳥屋、うどん屋などが

松葉総本店
万人受けするソースの味を、守り続ける高架下の大衆店。

ザクザクと音を立てて揚げたてが供給されていく。もちろん1本ずつ好きにオーダーしてもよし。牛串は100円。

豚ヘレ（160円）、カマンベールチーズ（150円）もぜひ。勘定は串で計算。足下に落とさないように。

昭和24年（1949年）創業。新梅田食道街の中でお好みの「きじ本店」と向かい合わせで両者とも満員御礼行列覚悟の人気店。立ち食いスタイルゆえ混雑すればみな斜に構えて「ダークダックス」スタイルに。揚げ方も豪快で繁忙時間帯にはあらかじめまとめて揚げた串を「牛串揚がりました、揚げたてどう

肩を寄せ合うように並んで営業していました（客同士も、肩を寄せ合わなければなりませんでした）。「ハービス大阪」をはじめとする西梅田エリアの再開発によって、地下鉄の西梅田駅周辺にあった飲食店舗は全て整理されましたが、「ぶらり横丁」と、その北側で日本全国の都道府県の地元土産を売っていた通称「アリバイ横丁」だけは2000年代に入っても営業を継続。「昭和の面影を色濃く残す一角」としてその動向が注目されていましたが、阪神百貨店周辺の再開発に伴う大阪駅前地下道の閉鎖のため、2014年あたりから擦った揉んだしながらも、店舗が徐々に退去。梅田における昭和の面影を残すエリアは、「新梅田食道街」のみになりました。

　そんな「ぶらり横丁」に並んでいた店が移転するにあたって、「新梅田食道街」や、やはりエエ頃合いに「負けた感じ」の「大阪駅前ビル」（第1ビルから第4ビルまであ

ですか」と目の前に並べてくれる。串を持つところまで熱々のそれを常客らは待ち構えていたかのように「おっ若鶏いっとこか」「たまには野菜も食べよか」と手元にキープ。ソースは元は店で作っていたが、現在は秘伝のレシピを大黒ソースに特注した松葉オリジナルソース。刺激もとろみもおさえめで食べやすくシャバシャバ感あり、たっぷり付けても老若男女に受ける味を目指す。特注に関しては味の均一化、安定化をふまえながら「レシピをシークレットにするためでもあるんです」とは、やはり串カツは素材や油も大事だがソースの味が命だ。

大阪市北区角田町 9-20 新梅田食道街 1F
☎ 06-6312-6615
14:00 ～ 22:00（土曜 11:00 ～、
日・祝 11:00 ～ 21:30）
1月1 ～ 3日のみ休

り、地元ではシンプルに「1ビル」「2ビル」と呼びます）の地下飲食店街を選んだことは、よく理解できます。居酒屋の「大関」や串カツ屋の「七福神」は駅前第4ビルへ、串カツ屋の「松葉」は新梅田食道街へと店を移し、元気に営業しています。

「ホワイティうめだ」も、大阪らしさに溢れた広大な地下街です。こちらの運営は大阪市が50%以上を出資している「大阪地下街株式会社」によるものですが、同社はミナミの「なんばウォーク」や「NAMBAなんなん」、天王寺の「あべちか」も運営しており、ゆえに大阪の一等地の地下街は「洗練されすぎない、ほどよい雑多さ」が保たれています。キタエリアの地下街は、この「ホワイティうめだ」を中心に、北は阪急エリアの「阪急三番街」、南は「ディアモール大阪」へと広がり、キタの主要エリアは全て地下街で繋がっています。なので「地下街を制するものはキタを制す」などと言われているわけです（ちなみに阪急三番街は、厳密には地下街ではなく駅施設です）。

●ヨネヤ梅田本店

激戦区梅田地下街の老舗で、あっさり甘口ソースにダイブ。

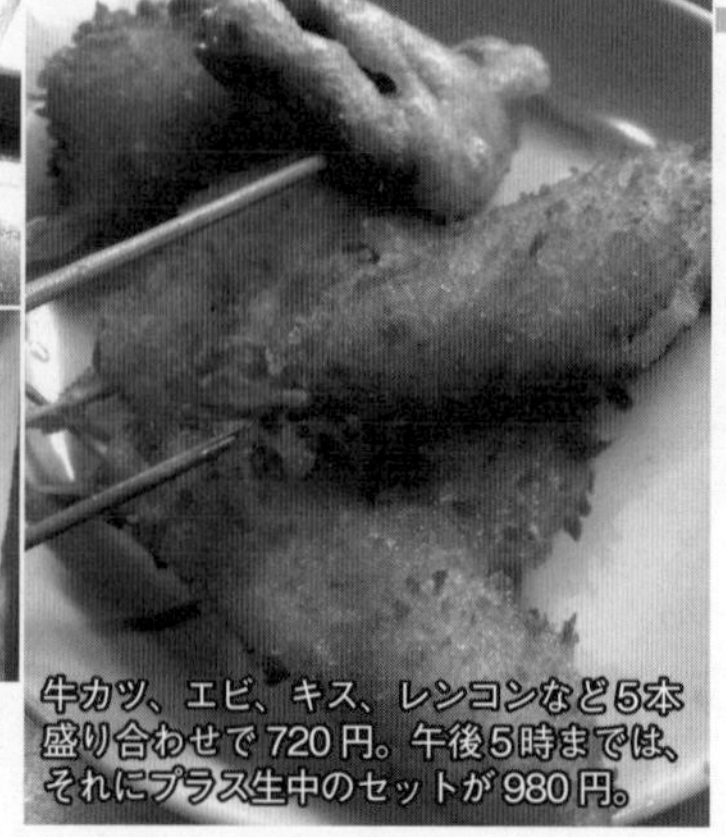

牛カツ、エビ、キス、レンコンなど5本盛り合わせで720円。午後5時までは、それにプラス生中のセットが980円。

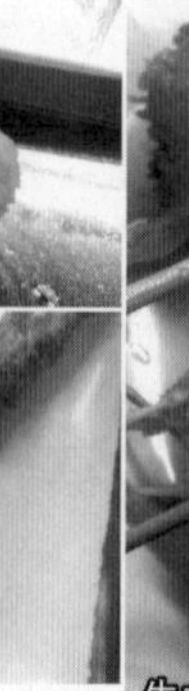

アスパラ1本揚げで300円。牛カツ、豚カツ、マグロは140円。生中430円。

創業70年あまり。2度漬け御免のお馴染みの文句も「初めてのお客様にお願い申し上げます……」と梅田らしく丁寧な口調で。さらに通常、大阪で肉と言えば牛を指すが、

「ヨネヤ梅田本店」は、ホワイティうめだにある一軒ですが、暖簾の下から足元が見えるので混み具合がすぐにわかる立ち食いエリアと、ゆっくりするためのテーブルエリアがあるのが、気が利いています。営業も朝の９時からで休憩ナシなので、朝＆昼飲みにもしっかりと対応してくれる頼もしい一軒として、根強く支持されています。

新世界を中心に、串カツの名店を擁するいくつかの街の「ソースにまみれた風景」を、見てきました。それぞれに味わいのある街ばかりであることに、大阪とソースの「相思相愛の関係」を、十分にご確認いただけたのではないでしょうか。もちろん、ソース文化は大阪だけのものではありません。上質の「下町のエートス」が保たれた街の風景は、どこにあってもソースにまみれているものなのですから。

ここに及んで、私は「ソースは、下町のエートスそのものである」と、ささやかに宣言しておきましょう。そのような「いささか度を超えた思い入れ」が、それぞれの街で過ごす愉悦を高めるものであるということを確認して、本章を終えたいと思います。

大阪市北区角田町梅田地下街 2-5
ホワイティうめだノースモール１
☎ 06-6311-6445
9:00 ～ 22:00
奇数月の第３木曜＆元旦休

こちらは「牛カツ」と明記するなど初心者にもスムーズに楽しめる要素が随所にある。カウンターの立ち食いが雰囲気だが、ゆっくり飲み食べしたいなら居酒屋的なテーブルで（1種類2串以上から要注文）。

串カツはラードの甘みをしっかり感じる少し粗めのパン粉を使った衣。尼崎発祥の甘口のトキワキンシソースにドボッとたっぷりつけて、つけ足りなければソース瓶も用意されているので追い足しも気軽に。一口でかぶりつけばサクサクでホクホク。そこへキーンと冷えたジョッキのビールをグイとやる至福。明日への活力は地下街にも。難波の地下街なんばウォークには難波ミナミ店も。

最終章
ソースと下町のパースペクティヴ

ソースの存在が必須な、下町のソウルフードの旅も最終章へ。
今日も下町の「現場」では、ソースがバリバリの現役として活躍しており、
お好み屋は「街の学校」として機能し、串カツ屋はあらゆる人々のゴキゲンを引き受けている。
ソースを巡るストーリーに終着点はなく、旅は続く。
「ソースは下町のエートスそのものである」という宣言とともに、
次なる「ソースにまみれた風景」へ、いざダイブ！

●「コミュニケーションの行方」と「街場の行儀」について

ソースの存在を必須条件とする、下町のソウルフードの旅。お楽しみいただけましたでしょうか。「下町とソースの関係」という座標軸に「下町のソウルフード」であるところのお好み屋や串カツ屋を、点景として配置していく。途中、さまざまな地ソースのバリエーションや、それらが生み出されるソース工場へも寄り道してきましたが、本書では一貫して「街とその風景」について、テクストを重ねてきました。その企図は、「下町とソースの真実」という「単純なセオリーとして共有することが困難な感覚」を全身で獲得せんとする「足掻き」である、と43ページで書きましたが、読者のみなさんには、ここまで一緒に足掻き続けていただいたことについて、まずもって感謝いたします。

関西で長年、情報誌作りに関わってきた者として、下町のお好み屋や串カツ屋をどのように紹介すべきかについては、ずっと試行錯誤を重ねてきました。下町のお好み屋や串カツ屋で、昭和のあの頃から連綿と続いている長閑な日常の風景は、いわゆる「グルメ情報」とは馴染まない。そうした店は基本的に全て取材拒否で、「うちはそんなん、いらんねん。いっつも来る人だけで商売してるから」と必ずなる。しかしながらこちらは立場上、のっぺりとした「グルメ情報」としてではない部分で街の面白さについて語りたいがゆえ、多少の無理を押してでも取材し、そこでの日常を描こうとする。私が過去に関わってきた関西の情報誌『ミーツ・リージョナル』をはじめとする雑誌やＭＯＯＫでは、本書にも伏流するところの「ローカルルールへの敬意」をベースに、幾層にも重なる「下町のフォークロア」をいかに浮かび上がらせるかについて常に腐心し、「人の集まる場所」としてのお店を通じて、街について語ってきたつもりです。それは私だけではなく、『ミーツ・リージョナル』創刊時の副編集長からやがて編集長となって、長年この雑誌を引っ張ってきた江 弘毅氏をはじめ、編集部の仲間たち、そこに出入りするライターたちに、ゆるやかに共有されていた。首都圏でも「ミーツは面白い」と言われ、各種メディアのネタ本になってきたのは、そうした「スタイルの新しさゆえ」であったと思いたい。

世にグルメライターやフードジャーナリストを名乗るプロのライター、並びに「自称プロ」の書き手はゴマンといますが、私自身がそうした名乗りを挙げないのは、「何万件の店に行った」みたいな方々とは距離を置いておきたいということと、その興味が「グルメ」や「フード」の部分よりむしろ、常に店と人間と街の風景をいかに描くかにあったのだということを、今改めて痛感します。

自分にとって地元ではない下町のお好み屋や串カツ屋を訪れることは、夜の街で知らないバーやスナックの扉を開けることと似ています。私たちはその店の細かな情報を知ることもなく、良い店かイマイチな店なのかもよくわからないままに、ひとまず「こんばんは」と扉を開く。すでに常連客と思しき先客がいる場合もあるし、早い時間だと誰もいないこともある。扉を開けてから、自分の居場所がそこにあるかないかを見定めつつ、どこに立てば、座ればよいのかについて、その時のお店の状況と「こんばんは」の後に続く対応から察していく。これが牛丼屋やファミリーレストランのような一般的な飲食店であれば、知らない店であっても、「お好きなところにお掛けください」のひとことで終わりですが（食べてお金を払って帰るだけなので）、バーやスナックの場合はその先にある「コミュニケーションの行方」をお互いに探りながら距離を測りますから、訪れる者には「ローカルルールへの敬意」が起動し、店の側はこちらの「パーソナルヒストリー」について何らかの判断を下す、という状況に巻き込まれます。

こう書くと大げさに感じるかもしれませんが、それは「街の達人」的な方々がおっしゃるところの「一期一会の勝負」などでは金輪際なく、もっと力の抜けた、ふんわりとしたやりとりになります。

「パーソナルヒストリー」と書いたのでふと思い出しましたが、昔『ミーツ』に掲載された小文で、パーソナルヒストリーの重要性について私見を述べています。引用しましょう。

——街とのかかわりにおいて「パーソナルヒストリーが重要」とはミーツによく見る表現だが、ここに実は難儀な問題が横たわっている。読者の多くは、そもそもパーソナルヒストリーが希薄だから、ガイドブックや情報誌に頼っているはずだ。そして彼らにとってミーツのポジションは、「より信頼できる情報がありそう」てなところだろうから、パーソナルヒストリーうんぬん…に対峙した際の態度としては以下のようになるのではないか。

（1）「じゃあ、私たちはどうしたらイイんですか？」と教えを乞う。
（2）「どうせ自分たちの世代、中身薄いっスよ」と拗ねに入る。
（3）「街、街ってウザいんだよ。旨いメシ喰いたいだけなんスから」とブチ切れる。

順番に行く。

（1）は素直でおりこうな態度だが、ここでカンタンに「だよね。そんな時はこうしたらイイんだよ」とショートカットしてしまった結果、街的ではないマニュアル人間を大量に生んでしまった。なので、本稿を100回ほど、心して読まれたし。
（2）は世代というスケープゴートに問題の本質を回避しているため厳重注意。もっと素直にならないとイケンよ。
（3）は実のところ、最もきちんと面倒を見てやらないといけないのだが、ひとまず「旨いメシを食いたいだけ」なんてナメた態度では街で旨いメシは喰えない、と一発ドツいておく。

では、そのような「希薄なパーソナルヒストリー」を埋める、あるいは構築するという作業は可能なのだろうか。

ハイ、可能です（あっさり）。そもそもパーソナルヒストリーなんて「その時の自分にとって都合よく構築された物語の蓄積」でしかない。だから、下町で商売人の家に生まれても物語がない輩もいるし、のっぺりしたニュータウンでも面白いコトはある。一般論で括るのは、それ自体が街的でない。

街で遊ぶ、つまり見知らぬ人の気配を常に感じながら、自分の居場所を見つけていくという作業は、楽しいとシンドイがベタッと貼り付いたまま進行する。一方でガイドブックや情報誌は、そのシンドイ部分を「見ないように」あらかじめ構造化されている。

なので、ろくにメニューも見ずに写真で紹介されていたものをそのままオーダーしたり、クーポンを使ってトクをする……なんて横着なやり方が敷延し、「中身のない遊び方」だけが拡大していくわけだ。

2003年の文章なのですが、本書に接続すると、ここまで書き綴ってきたことへの理解も、また一歩深まるでしょうか。

下町のお好み屋や串カツ屋が夜の街の知らないバーやスナックに似ているのは、「コミュニケーションの行方」についての客と店の探り合いが、どうしても生じるからです。誰かの紹介でバーやスナックに行く場合は、「誰それさんからエエ店やと聞きました」と言えば、コミュケーションの距離は縮まります。おそらくしばらくは「誰それさん」の話になり、時として愛のあるディスりに発展したりするのでしょうが、酒場におけるフォークロアは共有できますから、その夜は悪くないものになるでしょう。下町のお好み屋や串カツ屋でも同様で、「誰それさんが、ここのモダン焼が旨いとゆうてました」と入れば、似たような状況になります。しかし、そのようなパスワードがない場合は、見知らぬ人の気配――それは今、現に目の前にいるお店の人や常連客だけではなく、過去から積み重ねられてきた重層的な記憶の総体――を感じながら、ゴキゲンな時間を手繰り寄せる「丁寧な所作」が必要になってきます。私たちが「街場の行儀」と呼んでいるのは、概ねそういうものになるのでしょう（引き続きの迂遠で、申し訳ないですが）。

問題は、「夜の街の知らないバーやスナック」は子供のための場所ではないため、あまり情報誌の俎上に乗ることがないのに比して、「下町のお好み屋や串カツ屋」はまずもって稚拙な「グルメ情報」として扱われる、という点にあります。ゆえに、どのような文章で紹介されようが、いったん載った情報はたちまち生気を抜かれて「グルメ情報」としてコピペされ、テレビや情報誌に出たりした瞬間に、「こんなディープなところに、B級グルメの名店が」といった陳腐化した表現に絡めとられ、消費のタームに回収されます。2000年代に入ってインターネットが普及すると、もはや「ローカルルールへの敬意」もへったくれもなく、フランス料理も高級和食も中華も鮨も焼肉もお好み焼もうどんやそばも十把一絡げで点数がつけられて感想文が添えられるようになり、中には悪意に満ちた中傷も散見できるようになりました。もはやネット上では、「街の行儀」とはぷっつりと切れたところでの粗暴なテクストや、「行ってみました」という無邪気な自慢話の方が普通であり、今後もそんな状況が変わることはないのでしょう（たぶん）。

そのような状況にあっても下町のお好み屋や串カツ屋は相変わらず「そんなん知らんがな」であり、ズ太い骨格に柔軟な筋肉、さらには程よい量の贅肉をまといつつ、「ハイ、何しましょ？」てな感じです。そこでは「昭和のあの頃」は、決して懐かしい風景などではなく、今も「日常」

としてリアルに息づいている。確かにソースが最も輝いていたのは「昭和のあの頃の下町」なのでしょうが、本書で紹介した「現場」では、それはノスタルジーではなく、バリバリの現役として活躍しており、お好み屋は「街の学校」としてちゃんと機能しているし、串カツ屋はオッサンを中心にあらゆる人々のゴキゲンを引き受けています。

ソース、コーヒー、コーラの「3大黒褐色液（ダークリキッド）」のうち、何故ソースだけが「ノスタルジックな風景」に閉じ込められようとしているのか……その理由は、「ソースが下町のエートスそのものであるがゆえ」、なのではないでしょうか。ノスタルジーとは端的に、失われた／損なわれたものに対する思慕にほかなりません。翻って、異なる立場や意見、異質なものや複雑なものをいちいち排除するのではなく、ひとまず受け入れるという「人や街の度量」を下町のエートスとするならば、今まさにそれが損なわれつつある、ということにならないか。ゆえに「ソースは、下町のエートスそのものである」という宣言は、これから迎える時代――どのような時代になるのかは、私たちの双肩にかかっています――に向けてのものであるということを、強調しておきたいと思います。

私たちは未だ、ソースを巡るストーリーの途中にいます。それは終着点もなく、どこまでいっても結論のない旅です。ソースも街も、その「得体の知れなさ」において変わらない。だから私たちは、飽きずに旅を続けることができるのです。そこにソースの手柄があるということを今一度確認して、次なる「ソースにまみれた風景」へと、向かうことにしましょう。（了）

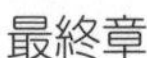

JR 安治川口駅近くの踏切の夕景

おわりに

　本書の執筆と並行して、私は東　浩紀氏の『ゲンロン0　観光客の哲学』（ゲンロン、2017年）を耽読していました。東氏は私より下の世代で最も信頼できる批評家・哲学者ですが、同書ではアントニオ・ネグリとマイケル・ハートが提示した「マルチチュード」なる社会的連帯の概念を、自らが『存在論的、郵便的』（新潮社、1998年）で示した「誤配」による可能性を含む「郵便」の概念と接続し、「郵便的マルチチュード」として、より精緻で魅力的な社会的コミュニケーションのあり方を提示してくれました。さらには「観光客こそ郵便的マルチチュードである」とし、観光客=郵便的マルチチュードのコミュニケーションは（その誤配の可能性ゆえ）偶然に開かれており、観光客は連帯はしないが、たまたま出会ったひとと言葉を交わす、と記述しています…と、そんなことをいきなり言われてもなかなか理解できないでしょうが（ぜひ『観光客の哲学』をお読みください）、私は東氏が有り金を賭けて再定義するところの「観光客」に、強く惹かれます。もちろん氏の思想的な射程は、現代社会の諸相を新たに「読み込み・書き出す」ことにこそあり、本書のそれとは幾分スケールが違います。それでも私は、下町のお好み屋や串カツ屋における（東氏が定義するところの）「観光客」の役割や、それぞれの現場での「誤配」について思いを馳せることにより、「下町とソースの関係」について大きく的を外すことなく、本書を最後まで書き綴ることができたと思っています。

また本書の執筆と並行して、私はアイドルグループ「バンドじゃないもん！」のアルバム『完ペキ主義なセカイにふかんぜんな音楽を♥』（ポニーキャニオン、２０１７年）を愛聴していました。わけてもアルバムの中盤、『ドリームタウン』、『秘密結社、ふたり。』、『強気、Magic Moon Night ～少女は大人に夢を見る～』『ロマンティック♥テレパシー』、からの『すきっぱらだいす♡』という圧倒的な名曲群は、ソースを巡って街を駆け抜ける際に、常にドーパミンを注入してくれました。そして「おうちにあるのは小麦粉だけ」との『すきっぱらだいす♡』のフレーズには、毎回「そんな時はネットサーフィンではなくお好み焼でっせ」とツッコミを入れなくてはならず、また女性における空腹と生死の関係やチーズの重要性などを学ぶことで、やはり「下町とソースの関係」についての軸足の据え方を、確かなものにしてくれたのでした。

つまり本書は、中沢新一氏の『大阪アースダイバー』への斜め45度からのオマージュでありつつ、東氏の『観光客の哲学』の豊かな思想的エコーの中に揺蕩（たゆた）いながら、「バンドじゃないもん！」にプッシュされ続けることで成立したものであるということを、各氏への感謝とともに、ここに記しておきたいと思います。

エニウェイ。本書はいつものごとく、編集発行人である「島やん」の思いつきから始まりました。

「あのですね。堀埜さんに書いてもらう次の本、いろいろ考えてみたんですけど」

「どれ、見せてみぃ。ふむ…ふむ…ふむ……、どれもこう、ピンとくるものが……、ん？ 最後にタイトルだけある、この『大阪ソースダイバー』って、何?」

「あー、それですかー。お風呂に浸かりながら『大阪アースダイバー』読んでて、ぼんやり思いついたんですわー。タイトルだけで中身はまったく考えてないんですけど…」

「アホやのぉ、お前は。コレやでコレ！決定や。次の本は『大阪ソースダイバー』や！」

「ハァ…まさか、そこに行くとは……。いや、ぜひそれでお願いします！」


という感じで、相変わらずのボンクラなスタートではありますが、私には勝算がありました。ソース、お好み焼、串カツといったあたりについては、本書にも何度も登場する関西の情報誌『ミーツ・リージョナル』の特集などで、過去に随分といろんなことを書いてきましたし、その『ミーツ』の企画で地ソースのテイスティングもやりました。それらを援用しつつ、「下町とソース」を新たな文脈の中で捉え直すことには意味があるし、この機会にまとまった論考をしておきたい、という思いもありました。それは例によって「自分が読みたいものは自分で書かなきゃ」という私のポリシーにも合致します。なので中身については全て、タイトルから敷衍して私が考えつつ、読者の皆さんに「現場」を正確に知ってもらうためのガイドブック機能を持たせるべく、「まんぷくライター」こと曽っちゃん（曽束政昭さん）を巻き添えにしました。彼の丁寧な取材原稿が本書の価値をより高めていることについては、ぜひお店に実際に足を運んで、確かめてください。装丁とデザインについては、もはや私の著書には欠かせないウェポンである「みずっち」が、またしても愉快な仕事をしてくれました。

そして、「ソースにまみれた風景」を、これまで常に共有してくれた江 弘毅さん、青山ゆみこさんにも、ここで改めて感謝いたします。１５７ページのヘルメスソースの記事でも触れたように、関西の地ソースブームは青山さんの取材が「はじまりのすべて」です。青山さんに次にお会いする時には、本書にヘルメスソースを添えてお贈りしたいと思います。

最後に。取材にご協力いただいた全てのお店とソース工場の皆さんに、感謝いたします。皆さんの「日常」は関西の誇りであり、我が国の誇りです。本当にありがとうございました。

（２０１７年６月某日、堀埜浩二@大阪・安治川口にて）

掲載店リスト

第１章 お好み焼な街を往く

【大阪】

参考文献

中沢新一『大阪アースダイバー』（講談社、２０１２年）
『大阪市案内図』（大阪市観光課、１９４０年）
福岡伸一『動的平衡』（木楽舎、２００９年）
井上理津子『さいごの色街 飛田』（筑摩書房、２０１１年）
江 弘毅『「街的」ということ』（講談社現代新書、２００６年）
『経済学者 日本の最貧困地域に挑む』（東洋経済新報社、２０１６年）
東 浩紀『ゲンロン０ 観光客の哲学』（ゲンロン、２０１７年）
『なにわ大阪再発見・第3号』（大阪21世紀協会文化部、２０００年）
『ミーツ・リージョナル』２００2年2月号（京阪神エルマガジン社）

参考にしたホームページ

一般社団法人 日本ソース工業会 ホームページ（http://www.nippon-sauce.or.jp）
独立行政法人 農畜産業振興機構 ホームページ（https://www.alic.go.jp）

大阪市 ホームページ（http://www.city.osaka.lg.jp）
（北区／中央区／西成区／浪速区／生野区／東成区／城東区／平野区／此花区）
東大阪市 ホームページ（http://www.city.higashiosaka.lg.jp）
堺市 ホームページ（http://www.city.sakai.lg.jp）
岸和田市 ホームページ（https://www.city.kishiwada.osaka.jp）
神戸市 ホームページ（http://www.city.kobe.lg.jp）

阪神ソース株式会社 ホームページ（http://www.hanshinsauce.jp）
イカリソース株式会社 ホームページ（http://www.ikari-s.co.jp）
株式会社 大黒屋 ホームページ（http://www.kk-daikokuya.co.jp）
株式会社 石見食品工業所 ホームページ（http://www.ifpro.co.jp/page022.html）
株式会社 池下商店 ホームページ（http://www.hishiume.com）
株式会社 一門会 ホームページ（http://www.kushikatu-daruma.com）
有限会社 知留久 ホームページ（http://www.shiruhisa.com）
法善寺串の坊 ホームページ（http://www.kushinobo.co.jp）

堀埜 浩二（ほりの・こうじ）

1960年、大阪市西成区西今船町（現在の天下茶屋1丁目）生まれ。イベントプロデューサー、ライター、ギタリスト。青年期までを西成の下町で過ごした「下町のエリート」（自称）。関西を中心に様々なイベントの企画・制作を手がけるかたわら、街や店についてのあれこれを情報誌やMOOKなどで執筆。近年は音楽評論も手がけ、著書に『ももクロを聴け！』『アイドルばかり聴け！』（小社刊）。

曽束 政昭（そつか・まさあき）

1968年、京都市伏見区生まれ。大阪市在住約20年。関西の店で食べまくり、1日5食は当たり前な、自称「まんぷくライター」。『ミーツ・リージョナル』などの関西の情報誌やMOOKを中心に、街や店、旅をテーマに取材・執筆。取材を通して街や店と寄り添い、相思相愛の関係を築く毎日。著書に『1泊5食―旅ライター曽束政昭の京阪神からの泊まりがけ』（京阪神エルマガジン社）など。

大阪＋神戸&京都 ソースダイバー

下町文化としてのソースを巡る、味と思考の旅。

2017年7月21日　初版第1刷発行

著　者　　堀埜浩二・曽束政昭
発行者　　島田　亘
発行所　　ブリコルール・パブリッシング株式会社
〒618-0002
大阪府三島郡島本町東大寺2-27-11
TEL　075-963-2059
http://www.bricoleur-p.jp
振替　00930-4-27552

装丁・デザイン　水野賢司（オフィスキリコミック）
印刷・製本　　図書印刷株式会社

定価はカバーに表示しています。
落丁・乱丁本はお手数ですが、
小社（TEL 075-963-2059、info@bricoleur-p.jp）までご連絡をお願いいたします。
送料小社負担にて、お取り替えいたします。

Published by Bricoleur Publishing co,.ltd.
ISBN 978-4-9908801-3-2 C0095